Weave 织美堂
最想编织系列

# 小天使
# 韩式宝宝
# 毛衣

## cute little angel baby

张翠 主编

辽宁科学技术出版社
·沈阳·

主　编：张翠

编组成员：汤俊哲　袁德馨　李熙茂　谢德海　朱家昱　陶羿谆　刁河舍　娄莉汐　庞驹治　危凡睦　成堂诞　陶菁雄　霍怀轮　傅洁魁
　　　　　祁舟察　茅民佑　李烽凌　徐茁匡　梅弄胤　邹解淦　颜俊立　史烽凌　常材宁　裘茁匡　费奎汝　章男宁　汪谱班　雷奎汝
　　　　　赵傲南　贝晓筠　卢平安　元念梦　王夏瑶　朱蓝风　萧绿蝶　赵灵萱　颜依波　蓝恨真　邢包显　贺水风　项飞双　霍语梦
　　　　　何映冬　娄惜蕊　盛白亦　凤登昆　郑醉香　阮白梅　刁涵蕾　柯安青　范白亦　卜惜玉　江鲜珑　喻登昆　董迈翔　裘葛琢
　　　　　毛牡子　钱落兴　单西颂　袁悟营　谈慈堂　郭篱霆　邱翰毅　谢中舟　倪盎德　陈湃邦　宋准辰　左志雨　罗满铿　徐夜菲

**图书在版编目（CIP）数据**

小天使韩式宝宝毛衣/张翠主编.—沈阳：辽宁科学
技术出版社，2013.11
　（最想编织系列）
　ISBN 978‑7‑5381‑8283‑5

　Ⅰ.①小…　Ⅱ.①张…　Ⅲ.①童服—毛衣—编织—
图集　Ⅳ.①TS941.763.1‑64

中国版本图书馆CIP数据核字（2013）第223589号

出版发行：辽宁科学技术出版社
　　　　　（地址：沈阳市和平区十一纬路29号　邮编：110003）
印　刷　者：利丰雅高印刷（深圳）有限公司
经　销　者：各地新华书店
幅面尺寸：210mm×285mm
印　　张：7.5
字　　数：300千字
印　　数：1~8000
出版时间：2013年11月第1版
印刷时间：2013年11月第1次印刷
责任编辑：赵敏超
封面设计：幸琦琪
版式设计：幸琦琪
责任校对：潘莉秋

书　　号：ISBN 978‑7‑5381‑8283‑5
定　　价：26.80元

联系电话：024‑23284367
邮购热线：024‑23284502
E‑mail：473074036@qq.com
http://www.lnkj.com.cn

# Contents 目录

# 森系波浪纹斗篷小外套

此款斗篷小外套采用现在最为流行的森林绿色，穿上立刻文艺感十足，两条分布在斗篷上的波浪纹恰似整件衣服的点睛之笔，让其淑女又不失个性。

How to make
做法 p65

衣长：30cm

毛线材料：湖蓝绿兔毛线250g

衣长：38cm

毛线材料：蓝色羊毛线200g，灰色羊毛线200g

How to make
做法 P66

做法 P66

For
104~110cm
boy's

## 可爱的小汽车图案毛衣

拥有一辆帅气的小汽车是每个还在童年期的小男孩儿的梦想，穿上织有小汽车图案的毛衣岂不是更酷，肩上还有如此特别的背心带，如此别出心裁，必将得到小宝贝们青睐。

衣长：34cm

毛线材料：紫色羊毛线400g，白色线少许

How to make
做法 P67

For
90~95cm
boy's

## 紫色几何图案宝宝毛衣

此款毛衣外套主色调为优雅的紫色，穿上清新可爱的气息立刻扑面而来，衣服前侧还有可爱的几何图案，再配上耀眼炫目的白，您会发现原来紫色也能穿出浓浓的童真哦！

How to make
做法 p68

## 米老鼠毛衣裙

印有卡通图案的衣服一直是小朋友的
最爱，更何况是人见人爱的米老鼠呢，
软软的高领看上去就很暖和，漂亮的裙
子穿起来格外可爱，它就是保暖又时尚
的结合，如此美好！

装饰配件

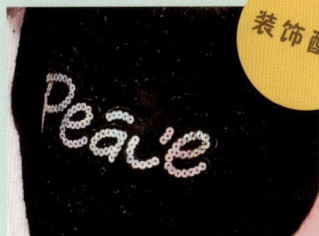

简单英文设计搭配闪亮
的珠片更加耀眼。

衣长：38cm
毛线材料：灰色毛线300g，黑色毛线100g

衣长：33cm
毛线材料：红色奶棉绒线400g

How to make
做法 P69~70

## 中国红毛衣小开衫

整件开衫采取红色作为主打色，精致得让人移不开眼，喜庆又不失个性，再配上小小的公仔纽扣，立刻让您家小孩化身小公主哦！

## 圆领毛衣外套

此款毛衣属于宽松款，让宝贝穿着舒
适活动方便，前侧分布的不规则的小卡
通图案立刻让整件毛衣生动起来，深色
毛衣可爱又不失绅士范，穿上它，您家
宝贝就是潮人一枚哦！

*How to make*
做法 P71

衣长：42cm
毛线材料：深红色羊毛线400g，各种颜色线少许

衣长：50cm

毛线材料：黄色、红色、深蓝色兔毛线各100g

*How to make*
做法 P72

For
108~112cm
girl's

## 条纹背心公主裙

条纹一直是时尚圈内不可或缺的流行元素，红蓝相间的彩色条纹让整件衣服充满生气，无袖圆领的设计让您拥有发挥的空间，不管是搭配黑色针织衫还是白色蕾丝衣，都能让您成为众人眼中的焦点。

衣长：34cm
毛线材料：白色圆棉线500g，红色、绿色线各少许

How to make
做法 P73

For
93~97cm
girl's

## 白色短袖背心裙

白色一直是人们心中纯洁的象征，再配上红色小草莓做点缀，立刻让整件衣服活泼起来，领子部分镂空设计充满创意，内搭黑色打底衫，简简单单就能给人过目不忘的视觉冲击。

How to make
做法 P74~75

## 娃娃领灰黑时尚毛衣

灰黑搭配一直是服装设计师们运用最多的经典，保险又很出彩，上灰下黑的设计层次分明，观者无不赏心悦目，中间过渡段的灰色带中夹杂着黑色格子也是这件衣服的一个极大的亮点，娃娃领的设计贴合小孩活泼的心性，穿上它立刻有股小大人的风采。

装饰配件

简单的灰色字母编织，搭配黑色更加的时尚。

衣长：38cm
毛线材料：黑色毛线300g，灰色毛线150g

How to make
做法 P76~77

衣长：33cm
裙长：23cm
毛线材料：蓝色毛线450g，
白色毛线80g

## 宝蓝色套裙

宝蓝色的衣身搭配白色钩花的领口和精致的白色纽扣，显得格外的清新养眼，宝宝穿着一身这样的套裙相信会更加的漂亮。

How to make
做法 P78

## 小人物图案毛衣

简约的款式设计，加上基础的上下针
编织，衣领、袖口以及衣下摆都采用双
罗纹的织法，此款毛衣的编织密度相信
也能很好地体现新手妈咪的手工哦。

装饰配件

简单的几个小图案，更
加可爱。

衣长：37.5cm
身高：120cm
毛线重量：600g
毛线材料：白色毛线500g，黑色和红色线各少许

19

## 粉色公主外套

粉嫩的色彩一直都是每个女孩的公主
梦，系带的设计韩范十足，搭配一个粉
色的发卡，更添一分美丽。

衣长：41.5cm

毛线材料：粉红色宝宝绒线300g，白色线50g

How to make
做法 P79~80

## 帅气翻领装

　　翻领的设计搭配拉链便于小朋友穿脱，衣身展翅雄鹰的图案编织霸气十足，搭配一件休闲裤也是十分的帅气。

How to make
做法 P81

衣长：42cm
毛线材料：红色线200g，黑色线200g，灰色线100g

衣长：45cm

毛线材料：灰色羊毛线150g，墨绿色羊毛线250g

How to make
做法 P82

For
108~112cm
girl's

## 配色编织毛衣

简单的灰色搭配潮流的军绿色，这样
的一款毛衣款式上简单大方，不论是外
穿还是内搭都是很不错的选择。

## 小熊背心

咖啡色搭配纯白的色彩，撞色的搭配
显得十分的清新自然，衣身简单的小熊
图案的编织以及花朵图案的设计更是锦
上添花。

How to make
做法 P83~84

衣长：32cm
毛线材料： 咖啡色毛
线180g，白色线180g

For
90~94cm
boy's

How to make
做法 P121

## 荷叶领毛衣

此款长袖装也是由两种颜色的配色编织而成，衣服最大的特色要数两种颜色的配色编织和衣身树叶花样的编织，给小女孩更添一层俏皮可爱。

衣长：36cm
毛线重量：红色、黑色羊毛线各300g

## 金鱼图案毛衣

简单的配色编织，加上衣身中央时尚的麻花花样，更有趣的要数衣领处金鱼图案的编织了，栩栩如生。

How to make
做法 P86

衣长：31cm
毛线材料：粉红色奶棉绒线200g，棕色线100g

衣长：33.5cm
毛线材料：米白色羊毛线400g

How to make
做法 P87~88

For
90~94cm
boy's

## 菱形花样毛衣

简约大方的菱形花花样，肩部纽扣的
设计便于小朋友穿脱，这样的一款米色
潮毛衣搭配一件浅色系的牛仔裤也是很
不错的搭配选择哦。

衣长：32cm

毛线材料：蓝白花色绒线300g

How to make
做法 P89~90

做法 P89~90

For
92~96cm
girl's

## 气质小披肩

此款披肩以深灰色为主，中间夹杂着些许亮白色，隐约之中给人一种清新的视觉感受，披肩小球球的系带设计更添几许卡哇伊。

How to make
做法 P91

## 时尚插肩袖毛衣

此款毛衣款式虽然是最普通的插肩袖样式，但是作者在毛线颜色的选择与搭配上花了一定的心思，让整件毛衣顿时拥有了时尚的大牌范儿。

**装饰配件**

此处插肩袖设计也可以搭配其他颜色的线材。

衣长：32cm
毛线材料：红色毛线300g，白色毛线50g

## 韩版口袋装

很多妈妈都想为自己的孩子织这样的一件中国红毛衣，不仅可以衬托出小朋友白皙的肤色，更添些许喜庆。韩版的宽松样式搭配时尚的蝴蝶结口袋更是美翻了。

*How to make*
做法 P92~93

For
93~97cm
girl's

衣长：42.5cm
毛线材料：红色奶棉绒毛线600g

装饰配件

简单的蝴蝶结编织更加卡哇伊。

How to make
做法 P94

## 小球球套头装

此款毛衣最吸引人的地方要数衣领处设计的小球，随人飘动，煞是有趣。搭配这样一件蛋糕层似的小纱裙更是潮范十足。

衣长：37cm
毛线材料：灰色毛线400g，深紫色毛线100g

## 彩色连帽外套

此款毛衣最大的特色在于线材的选择，段染的毛线使得整件毛衣看似一件潮流的彩虹毛衣，衣后片褶皱的设计更是增加了不少大牌范儿。

How to make
做法 P95

衣长：43cm

毛线材料：段染羊毛线300g

## V领小开衫

帅气的开衫款式设计搭配精致的铜质纽扣，V领的领口设计更添一番帅气，搭配一件简单的牛仔裤也是很不错的选择。

How to make
做法 P96

衣长：34cm
毛线材料：蓝色羊毛线400g，深蓝色、红色线少许

衣长：32.5cm
毛线材料：红色毛线200g，白色毛线100g

*How to make*
做法 P121

For
94~98cm
girl's

## 韩版配色V领毛衣

时尚的泡泡袖设计，红色与白色的配色编织，在颜色上给人一种明了的视觉冲击力，这样的一件短袖装搭配一件牛仔小短裤也是很不错的。

衣长：35cm
毛线材料：红色毛线200g，黑色毛线100g，
白色毛线100g

How to make
做法 P98

For
90~94cm
boy's

## 配色无袖背心

大红色搭配白色，以及衣身黑色字母的
编织，使得整件背心欧美范十足，这样的一
件背心搭配一件小清新风格的衬衣，也是不
错的选择。

How to make
做法 P99

## 日式小清新开衫

看到这件毛衣第一感觉就觉得比较像
外国书上的毛衣款式，交叉的十字形花
样设计更是添加了不少小清新的感觉。

装饰配件

巧妙的波浪式毛衣领，
更显淑女范。

衣长：31.5cm
毛线材料：绿色奶棉绒线400g，
白色线少许

## 军绿色男孩装

　　流行的军绿色搭配一件潮流的牛仔裤，相信这样的一身装扮也能让你回头率十足。小朋友们可以内搭一件衬衣，也很有范。

*How to make*
做法 P100~101

For
106~110cm
boy's

衣长：46cm
毛线材料：草绿色羊毛线400g

How to make
做法 P102

# 深绿色翻领毛衣

这样的一件毛衣不论是款式的设计，针法的编织，还是线材的选择，都让整件毛衣看起来十分的高档，小朋友穿起来也是气质十足。

衣长：40cm
毛线材料：绿色兔毛线350g

## 复古小花毛衣

此款毛衣由于线材的选择，以及衣身花样的点缀，让毛衣复古范儿十足，搭配一件复古风的连衣裙或者休闲风的牛仔裤都是不错的选择。

How to make
做法 P103

衣长：38.5cm

毛线材料：白色中粗毛线400g，紫色线100g

衣长：36cm

毛线材料：天蓝色棉线300g，黄色线50g

*How to make*
做法 P104

For
106~110cm
boy's

## 小鸡图案开衫

此款毛衣款式和针法都非常的简单，相信很多新手妈咪们都可以动手试试。衣身小鸡图案的编织相信也给此款开衫增加了不少的色彩。

## 小清新范短袖

清新的绿色搭配白色，以及衣身三朵
玫红色花朵的编织，让整件毛衣小清新
范儿十足，搭配一件浅色的短裤也是很
不错的选择哦。

How to make
做法 P105

For
108~112cm
girl's

装饰配件

衣长：43cm
毛线材料：红色丝光棉50g，白色丝光
棉线200g，绿色丝光棉线100g

此处的钩花也可以改为
浅色系的线材。

How to make
做法 P106~107

## 连帽小开衫

亮丽的玫红色搭配复古的木质纽扣，连帽的设计休闲风十足，这样的一件毛衣款式也十分的简单，想动手织的赶紧试试吧。

衣长：58cm
毛线材料：红色毛线400g

## 人物图案毛衣

此款毛衣以深蓝色和浅蓝色配色编织为主，衣身最醒目的地方要数红色小人物的编织，显得十分的调皮。

How to make
做法 P108

衣长：35cm
毛线材料：蓝白花线250g，灰色线150g

衣长：40cm

毛线材料：白色羊毛线400g，蓝色线等少许

*How to make*
做法 P109

做法 P109

For
108~112cm
girl's

## 复古小开衫

简单的开衫款式，在衣襟、衣领以及
袖口、下摆处都采用了罗纹的编织，让
开衫显得更加的有质感。

How to make
做法 P110

## 清新和尚装

这样款式的和尚装最适合刚刚出生的小
宝宝，妈妈们也可以为小宝宝选择舒适的宝
宝绒线，让宝宝穿着起来更加的舒服。

衣长：25cm
毛线材料：灰绿色羊毛线200g

# 简约套头毛衣

大红色搭配黑色的配色编织时尚感
十足，衣身口袋的设计好似小朋友戴着
一副手套，设计巧妙新颖。

*How to make*
做法 P111

做法 P111

装饰配件

简单的口袋设计，不是
手套胜似手套，趣味十足。

衣长：34cm
毛线材料：红色羊毛线400g，
黑灰色线少许

For
90~94cm
boy's

## 小老虎连体衣

人们常常用虎头虎脑来形容小朋友的天真无邪，这样的一件小老虎连体毛衣相信很多妈妈们都想试试，参考详细的图解，相信一定能顺利地织出。

衣长：57cm

毛线材料：黄色和黑色奶棉绒线各250g

How to make
做法 P112

## 森女系开衫

森女系似乎是现在非常流行的一种时尚服装风，手工毛衣也不例外，只要有心，你也可以设计出这样的一件森女系的开衫毛衣。

How to make
做法 P113

衣长：36cm
毛线材料：灰色羊毛线400g，蓝色线等少许

衣长：41cm
毛线材料：灰色羊毛线400g

*How to make*
做法 P114

For
106~110cm
boy's

## 浅灰色V领毛衣

简单的毛衣款式，经典的V领设计。
浅浅的灰色可以选择一件浅色系的裤
子，也可以显得清新范儿十足。

衣长：24cm

毛线材料：红色毛线400g

## 中国红长袖小披肩

大气的中国红带给人一种无形的喜悦，红色搭配一件黑色的连衣裙更是绝配，再搭配一双公主鞋堪称完美。

How to make
做法 P115

衣长：33cm

毛线材料：粉红色羊毛线400g，蓝色、黑色、白色线各少许

*How to make*
做法 P116

For
90~94cm
boy's

## 动物图案背心

此款背心款式设计十分的简单，最吸引人的地方要数衣身片猫咪图案的编织了，显得十分的俏皮可爱。

For
108~112cm
girl's

## 系带背心裙

系带的收腰设计可以随意地调整腰身，裙摆处可爱兔子图案的编织，给此款背心裙增添了不少可爱的气息。

How to make
做法 P174

衣长：54cm
毛线材料：灰色羊毛线300g，米白色羊毛线20g

衣长：41cm

毛线材料：蓝色花毛线400g，灰色毛线150g

How to make
做法 P118

For
106~110cm
boy's

## 套头长袖毛衣

此款毛衣不论是作为打底衫
还是外穿都是不错的选择，搭配
一件休闲风的裤子，小朋友穿着
起来也舒适惬意。

衣长：40cm
毛线材料：黄色兔毛线400g

How to make
做法 P119

## 黄色连帽背心

此款背心选择连帽的设计加上小花朵的点缀，让背心复古范儿十足，搭配一件简约的短裤或者小短裙相信也是一种很不错的搭配选择。

衣长：34cm
毛线材料：红色圆棉线400g

How to make
做法 P120

For
93~97cm
girl's

## 小清新背心装

此款背心由于线材的选择，显得十分的
轻薄，相信小朋友夏季穿着也不会显得热。
衣领处狗牙针的编织给衣领增色不少。

## 森系波浪纹斗篷小外套

| 【成品规格】 | 衣长30cm，胸宽40cm，袖长22cm |
| --- | --- |
| 【工　　具】 | 8号棒针 |
| 【编织密度】 | 19针×30行=10cm² |
| 【材　　料】 | 湖蓝绿兔毛线250g |

编织要点：

1.棒针编织法。从领口起织。从上往下编织。
2.从领口起织。下针起针法，起67针，起织分片，左前片与右前片各取11针，两侧袖片各取12针，后片分配21针，在每一片相邻的1针上进行加针，加针方法为2-

1-34，起织下针，加针织22行后改织花样A6行，然后再织24行下针，再织6行花样A，然后再织10行下针完成插肩缝加针编织。袖片结束编织。分别编织右前片、左前片和后片。将它们再织26行下针，无加减针，不收针。
3.衣边的编织。从左前片起织花样C搓板针，织完下摆边45针的针数后，沿着侧缝挑针，挑18针，再接上左袖片编织80针花样C搓板针，再沿后片的侧缝挑针18针，再接上织后片下摆89针，然后再挑右侧缝18针，接上右袖片80针，再沿右前片的右侧缝挑出18针，再织完右前片下摆边45针，然后返回编织，重复织6行。完成后收针断线。
4.领片的编织。沿着前后衣领边，挑出78针，起织花样B单罗纹针，不加减针，织8行的高度后收针断线。再分别沿着左前片与右前片的衣襟边，挑织编织花样B搓板针，织6行收针断线。左衣襟上制作5个扣眼，在第二行的位置上，用空针制作。衣服完成。

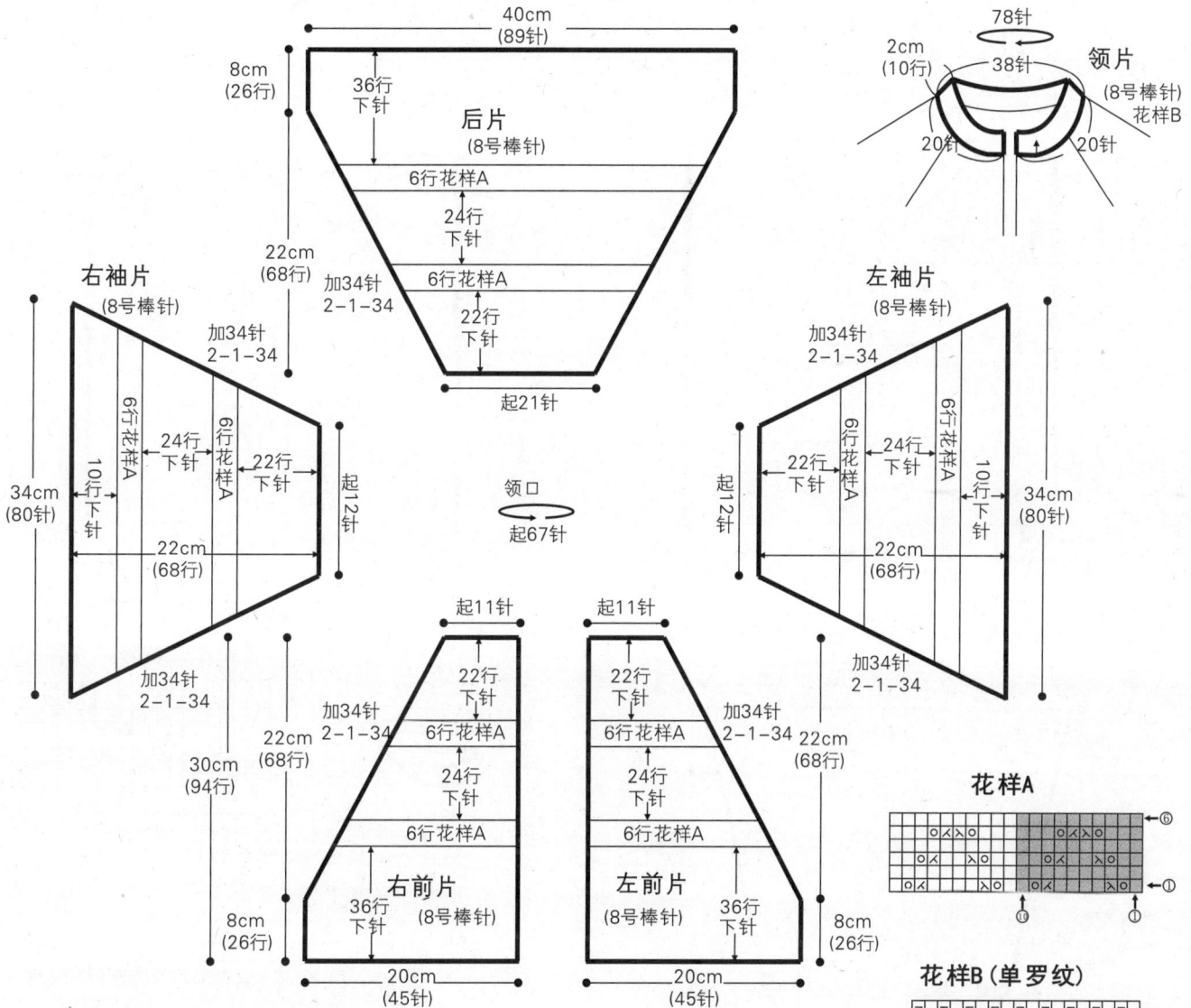

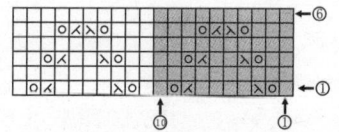

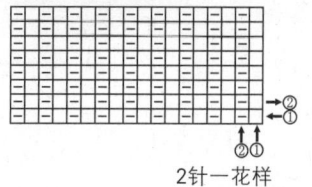

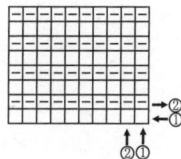

符号说明：

□　上针　　☒　左并针
□=□　下针　　☑　右并针
　　　　　　　☐　镂空针
2-1-3　行-针-次

↑　编织方向

可爱的小汽图案毛衣

【成品规格】 衣长38cm, 胸宽33cm, 肩宽33cm,
袖长31cm

【工　　具】 10号棒针

【编织密度】 18针×28行=10cm²

【材　　料】 蓝色羊毛线200g, 灰色羊毛线200g

编织要点:

1.棒针编织法, 由前片1片、后片1片、袖片2片组成,
从下往上织起, 再编织衣襟。

2.前片的编织, 双罗纹起针法, 起68针, 灰色花样A起
织, 不加减编织18行。下一行起改织灰色下针, 不加
减编织65行。下一行起改织蓝色, 不加减针织23行。
其中自改织下针起第24行中间部分改织花样B配色, 织
19行。再织23行灰色下针。下一行改织蓝色下针, 编

织9行高度。下一行进行衣领减针, 从中间收针18针, 两侧
相反方法减针, 2-2-2, 2-1-6, 织16行, 减10针, 不加减
针编织两行高度, 余下15针, 收针断线。再另起12针单罗
纹, 花样C起织, 不加减针编织34行, 收针断线。编织两条
于前片花样C位置缝合。

3.后片的编织, 用灰色线。一片织成。双罗纹起针法, 起
68针, 花样A起织, 不加减针织18行。下一行起, 改织下
针, 不加减编织92行。其中自改织下针编织88行高度。下
一行进行衣领减针, 从中间收针34针, 两侧相反方法减针,
2-1-2, 织4行, 减2针, 余下15针, 收针断线。

4.袖片的编织, 一片织成。双罗纹起针法, 起44针, 花样
A起织, 不加减针编织18行。下一行起, 改织下针, 两侧同
时加针, 6-1-12, 织72行, 加12针, 共68针, 收针断线。
用相同方法编织另一袖片。

5.拼接, 将前后片侧缝对应缝合, 将袖片侧缝与衣身侧缝对
应缝合。

6.领片的编织, 于领片前片位置挑针68针, 后片挑针50针共
118针, 蓝色花样A起织, 不加减针编织10行, 收针断线,
衣服完成。

前片 (10号棒针)

后片 (10号棒针) 灰色线

袖片 (10号棒针) 蓝色线

领片 (10号棒针) 花样A 蓝色线

花样A(双罗纹)

花样B

花样C(单罗纹)

符号说明:

□ 　　上针
□ = □ 　下针
2-1-3 　行-针-次
⊠ 左并针
⊠ 右并针
　　镂空针
↑ 编织方向

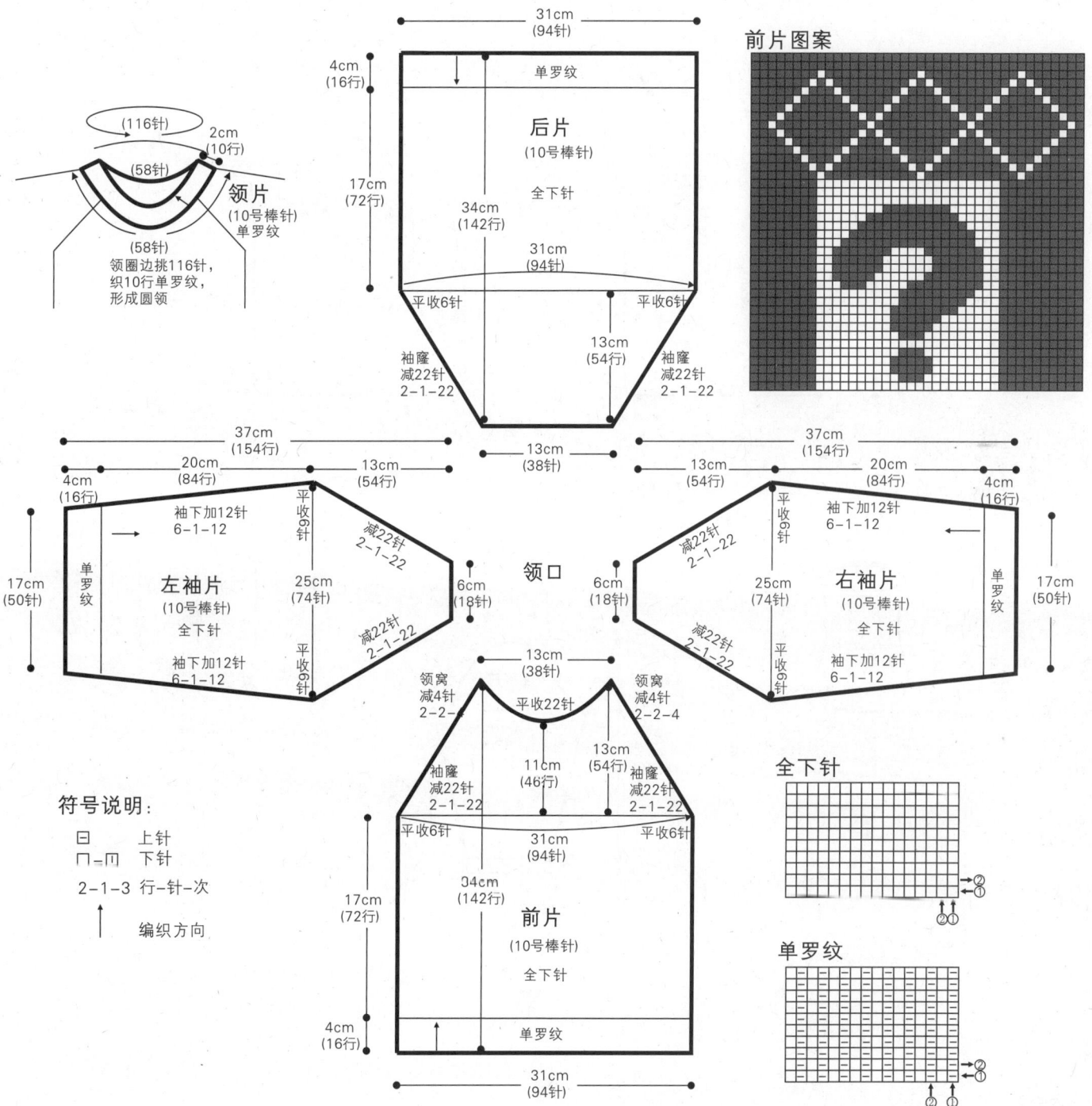

紫色几何图案宝宝毛衣

**【成品规格】** 衣长34m，下摆宽31cm，连肩袖长37cm

**【工　　具】** 10号棒针，缝衣针

**【编织密度】** 30针×42行=10cm²

**【材　　料】** 紫色羊毛线400g，白色线少许

编织要点:

1. 插肩毛衣用棒针编织，由1片前片、1片后片、2片袖片组成，从下往上编织。

2. 先编织前片。

(1) 用下针起针法，起94针，先织16行单罗纹后，改织全下针，并配色，侧缝不用加减针，织72行至插肩袖隆。

(2) 袖隆以上的编织。两边平收6针后，进行插肩袖隆减针，方法是每2行减1减22次，各减22针。

(3)同时织至从袖隆算起46行时，中间平收22针后，进行领窝减针，方法是每2行减2针减4次，织至顶部针数减完。

3. 编织后片。袖隆以下编织方法和插肩减针方法与前片一样。领窝不用减针，织至顶部针数余38针。

4. 编织袖片。用下针起针法起50针，先织16行单罗纹后，改织全下针，两边袖下加针，方法是每6行加1针加12次，织至84行两边平收6针后，开始插肩减针，方法是每2行减1针减22次，各减22针，至顶部余18针，同样方法编织另一袖，收针断线。

5. 缝合。将前片的侧缝与后片的侧缝对应缝合。袖片的袖下分别缝合，袖片的插肩部与衣片的插肩部缝合。

6. 领片编织。领圈挑116针，织10行单罗纹，最后2行用白色线编织，形成圆领。

7. 用缝衣针绣上十字绣图案，毛衣编织完成。

前片图案

符号说明：

□　上针
∏－∏　下针
2－1－3　行－针－次
↑　编织方向

米老鼠毛衣裙

【成品规格】 衣长38cm，胸围60cm，肩宽
　　　　　　 23cm，衣袖32cm
【工　　具】 13号、14号棒针
【编织密度】 26针×38行=10cm²
【材　　料】 灰色毛线300g，黑色毛线100g，米
　　　　　　 妮布贴1个，烫钻少量

编织要点:

1.前片，用13棒针、灰色线起68针，两边慢慢加出小圆

弧。加到78针后，从下往上织下针21cm后开挂，按图解收针、收领子。
2.后片，织法同前片，后领按图解编织。
3.袖片，用14号棒针、黑色线起32针，从下往上织2cm单罗纹后，换13号棒针，按图解放针、收袖山。
4.前后片、袖片缝合，按图解用黑色线挑领边，织11cm后再用灰色线织2cm。
5.装饰，前片胸前贴上米妮布贴，前片右下边按图解烫上烫钻。
6.清洗整理。

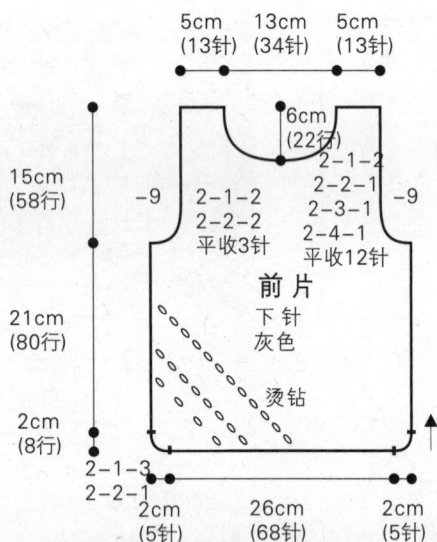

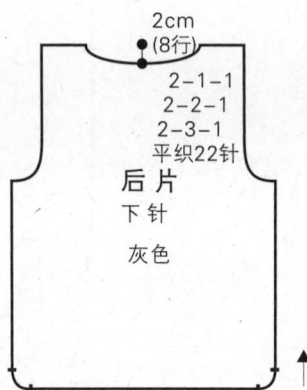

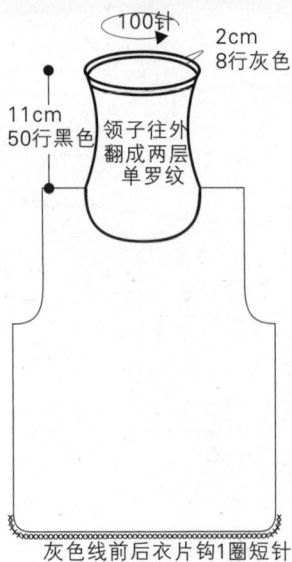

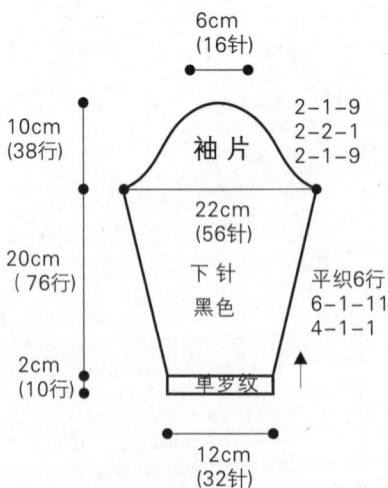

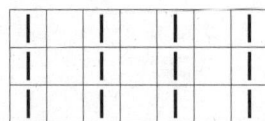

单罗纹

针法说明:

| | 下针 |
|---|---|
| | 上针 |
| X | 短针 |

中国红毛衣小开衫

【成品规格】 衣长33cm，胸宽31cm，袖长18cm

【工　　具】 10号棒针

【编织密度】 25针×50行＝10cm²

【材　　料】 红色奶棉绒线400g

编织要点:

1.棒针编织法。从领口起织。至袖隆分片。分成左右前片、左右袖片和后片。

2.各片的织法。

(1)下针起针法，起85针，起织花样A搓板针，织8行的高度，然后分出各部分的针数，左右前片各19针，袖片11针，在11针与19针之间，分2针出来加针。后片分25针，后针与袖片之间同样选2针加针。加针方法均为2-1-22。

(2)分片后，起织花样A搓板针，织2行后，在袖片的中间起织花样C叶子花样。织6行后，在左右前片，从衣襟算起第12针上起织花样C叶子花样，插肩缝加针，织成44行后，完成领片的编织。

(3)加针后，左右前片各织成41针宽度，袖片55针，后片69针，将69针分出，来回编织，并在中间1针上起织花样B叶子花样。织14行的高度后，两边各加8针，将左右前片连接起来做一片编织。继续织花样A，织成26行后，左右前片再次加织花样C叶子花样。当衣身织成66行的高度后，在腋下中心1针上，起织叶子花样花样D，织38行后，收针断线。

(4)袖片的编织，起织袖片的55针，腋下挑针衣身加针的8针，再挑针后片加高织出的侧边，挑6针，环织。在腋下中心2针上进行减针，织6行后减针，12-1-7，各减7针，织30行后，中心织一个花样C叶子花样。然后再织24行后，收针断线，相同的方法去编织另一个袖片。

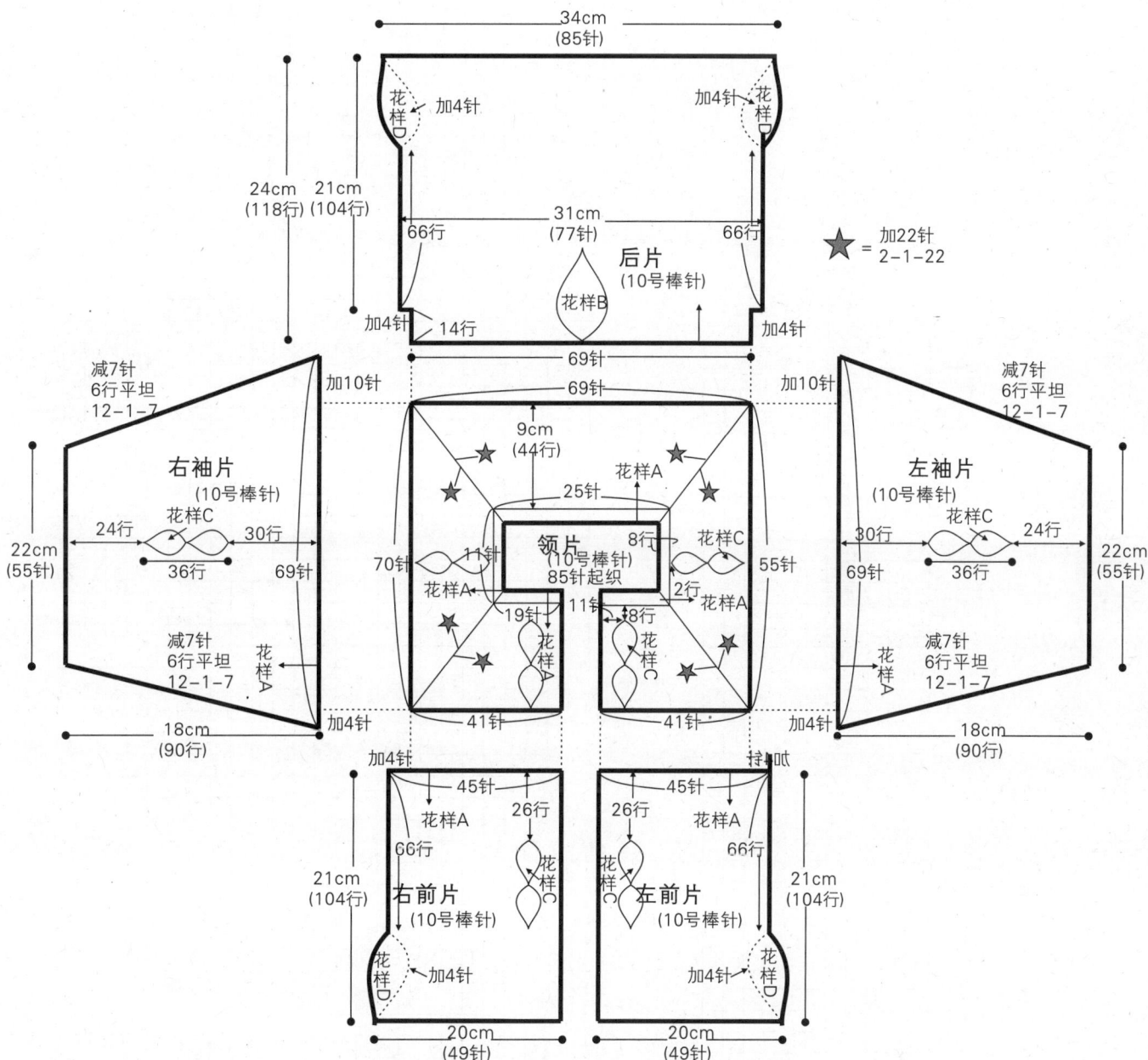

34cm
(85针)

花样D　加4针　　加4针　花样D

24cm 21cm
(118行) (104行)

66行　31cm　66行
(77针)

后片
(10号棒针)

花样B

★ = 加22针
2-1-22

加4针　14行　　　加4针

69针

减7针
6行平坦
12-1-7　加10针　　　　69针　　　　加10针　减7针
6行平坦
12-1-7

右袖片
(10号棒针)
花样C

9cm
(44行)

花样A

25针

花样C

左袖片
(10号棒针)
花样C

24行　　30行
36行　　69针

领片
(10号棒针)
85针起织

8针

55针

30行　24行
69针　36行

22cm
(55针)

70针　11针　　19针　11针　8针
花样A　　　2行　花样A

花样A

22cm
(55针)

减7针
6行平坦
12-1-7
花样A

花样C

花样C

减7针
6行平坦
12-1-7
花样A

加4针　　41针　　　41针　加4针

18cm
(90行)

加4针

45针
花样A
66行　26行

26行　45针
花样A
66行

加4针

18cm
(90行)

21cm
(104行)

右前片
(10号棒针)

花样C

左前片
(10号棒针)

花样C

21cm
(104行)

花样D　加4针　　　加4针　花样D

20cm
(49针)

20cm
(49针)

符号说明：

□ 上针

□ = □ 下针

2-1-3 行-针-次

3针2行的结编织

↑ 编织方向

花样B

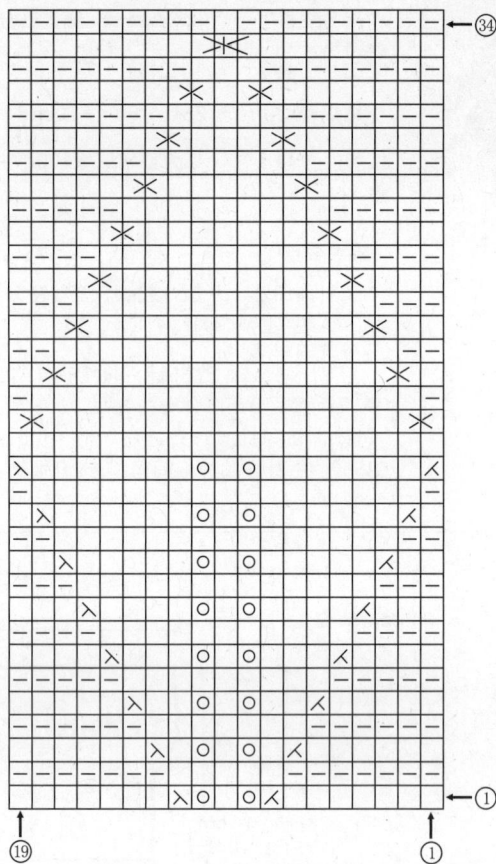

← ㉞

↑ ⑲    ↑ ①

花样A(搓板针)

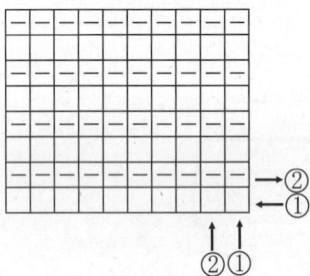

← ②
← ①

↑ ↑
② ①

□ 左并针

□ 右并针

□ 镂空针

花样C

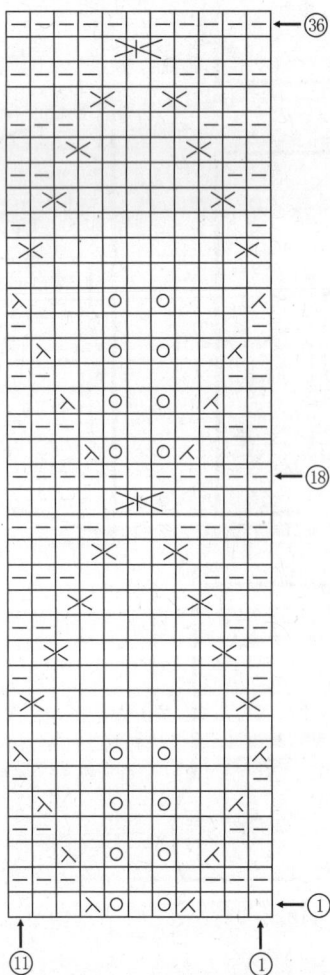

← ㊱

← ⑱

← ①

↑ ⑪    ↑ ①

花样D

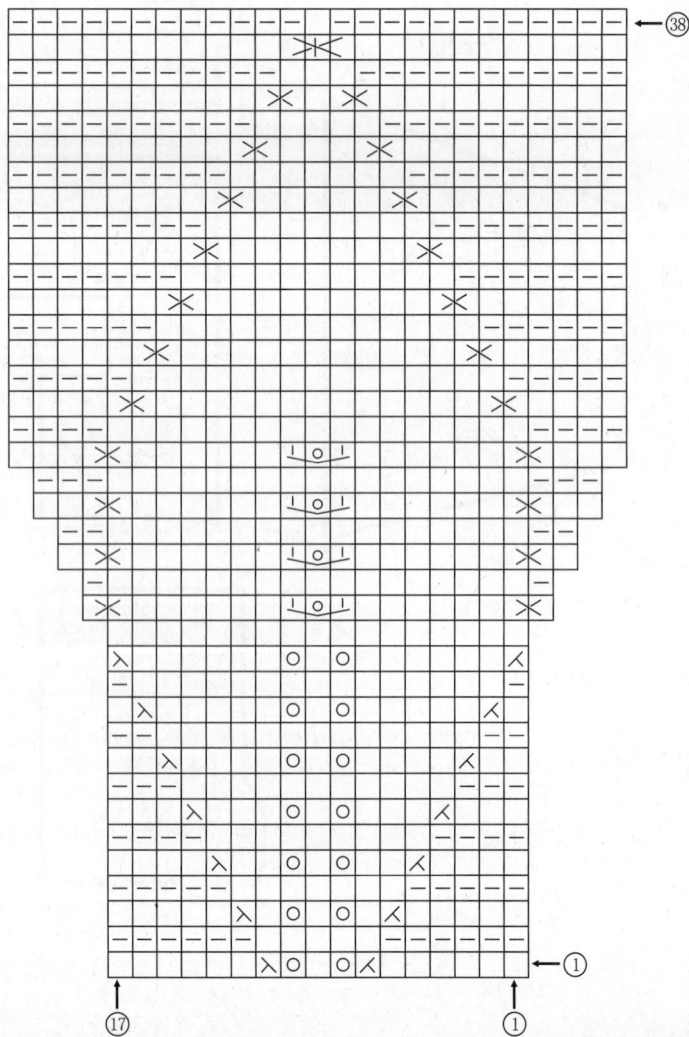

← ㊳

← ①

↑ ⑰    ↑ ①

70

圆领毛衣外套

【成品规格】 衣长42cm，胸宽38cm，肩宽34cm，袖长36cm

【工　　具】 10号棒针

【编织密度】 19针×28行=10cm²

【材　　料】 深红色羊毛线400g，各种颜色线少许

编织要点：

1.棒针编织法。由前片、后片和2个袖片组成。从下往上织。
2.前片的编织。单罗纹起针法，用棕色线，起80针，起织2行花样A单罗纹，第三行起改用深红色线编织，直至肩部。红色织单罗纹18行后。全改织下针，不加减针，织56行后，至袖窿，下一行袖窿减针，两边收针8针，然后不加减针，织28行后，开始减前衣领。下一行中间收针10针，两边减针，2-2-5，然后不加减针，再织12行至肩部，余下17针，收针断线。
3.后片的编织。袖窿以下的编织与前片完全相同，袖窿起两侧减针8针，然后织46行后，开始减后衣领，下一行中间收针26针，两边2-1-2，至肩部余下17针，收针断线。将前后片的肩部对应缝合，再将侧缝缝合。最后用平针绣的方法，根据结构图给出的位置，分别绣上花样B、花样C、花样D和花样E图案。
4.袖片单独织成。单罗纹起针法，用棕色线，起40针，起织花样A，织2行后改用红色线织，不加减针，织18行，下一行起全织下针，并在两边袖侧缝上加针，6-1-14，不加减针，再织4行后结束编织。织成68针的宽度，收针断线。相同的方法去编织另一个袖片。将收针行与衣身的袖窿边线对应缝合。再将袖侧缝缝合。
5.领片的编织。沿着前后衣领边，挑出102针，起织花样A单罗纹针，织8行后，改用棕色线织2行后收针断线。衣服完成。

34cm (64针)
9cm (17针)　7cm (17针)
30针
右减10针 12行平坦 2-2-5　平收10针　减10针 12行平坦 2-2-5 左
28行
花样D 8行
平收8针　　平收8针
花样C
38cm (80针)
42行　前片 (10号棒针)
侧缝　侧缝
18cm (50行)
20cm (56行)
全下针　花样B 8行
花样A
2行(棕色)
28cm (80针)
4cm (20行)

34cm (64针)
9cm (17针)　7cm (17针)
30针
左　减2-1-2　平收26针　减2-1-2 右
46行
平收8针　　平收8针
38cm (80针)
后片 (10号棒针)
侧缝　侧缝
全下针　花样E 8行
花样A
2行(棕色)
28cm (80针)
4cm (20行)

102针
3cm (10行)　40针
领片 (10号棒针) 花样A
62针　2行棕色 8行红色

42cm (126行)

花样A

36cm (68针)
36cm (108行)
袖片 (10号棒针)
袖侧缝　袖侧缝
加14针 4行平坦 6-1-14　加14针 4行平坦 6-1-14
全下针
花样A
12cm (40针)
32cm (88行)
4cm (20行)

花样B

花样C

花样D

花样E

符号说明：

2-1-3 行-针-次

□　　上针
□=□　下针

↑ 编织方向

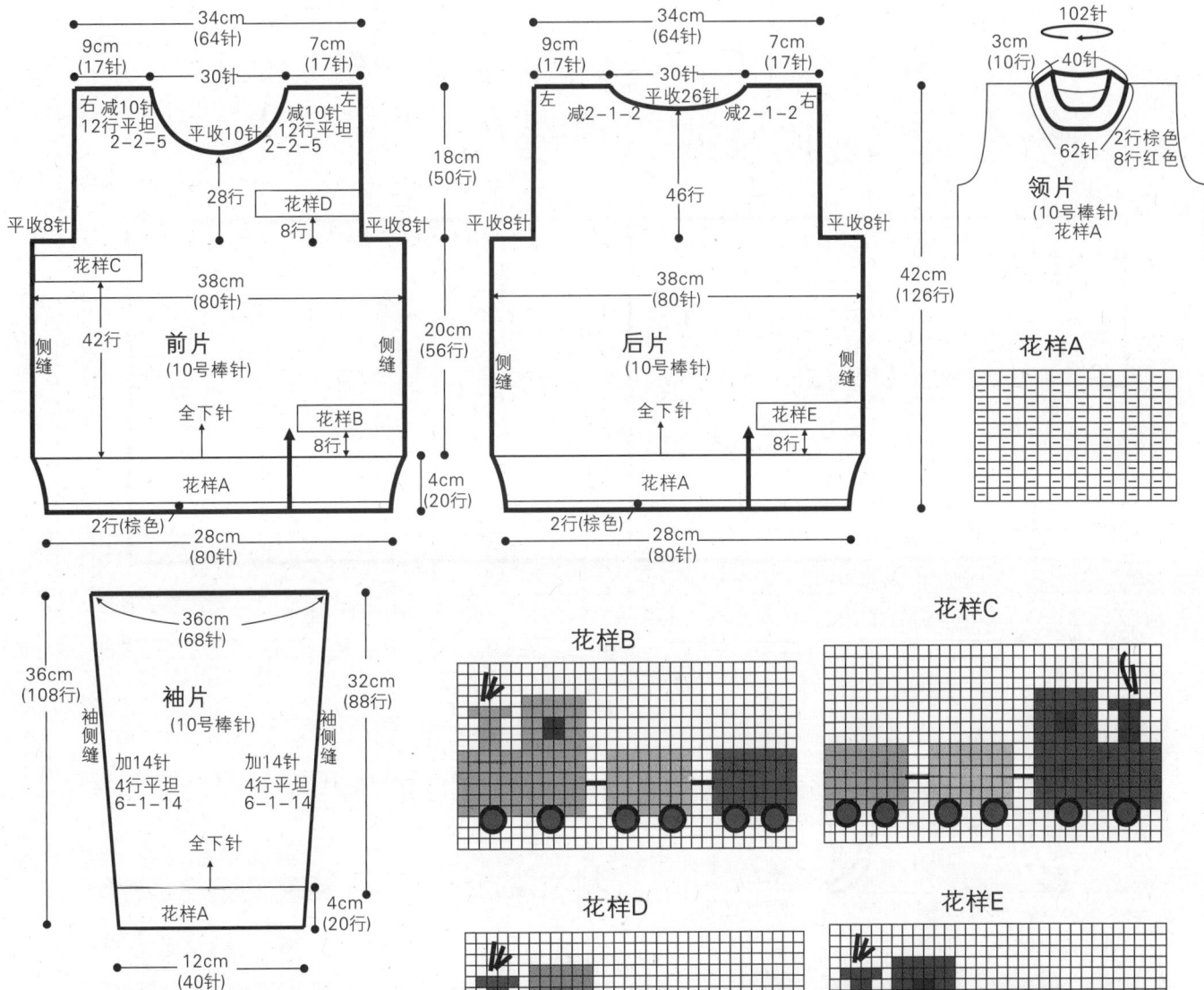

条纹背心公主裙

【成品规格】 衣长50cm，胸宽34cm，肩宽21cm，袖长2.5cm

【工　具】 8号棒针

【编织密度】 20针×24行=10cm²

【材　料】 黄色、红色、深蓝色兔毛线各100g

编织要点:

1.棒针编织法。袖窿以下一片织成，袖窿以上分成前片与后片各自编织。

2.下摆起织，下针起针法，起208针，首尾闭合成圈织。起织花样A单罗纹，并配色，不加减针，织4行的高度，下一行起，全织下针，并根据花样B配色，不加减针，织72行的高度。在最后一行里，将2针并1针，将针数收缩掉104针，余下104针，对称分成两半，一半前片，一半后片，每部分52针

3.前片起织。起织52针，继续花样B配色，两侧袖窿收针，收5针，然后2-1-5，织成26行的高度后，减前衣领，中间收针14针，两边单独编织，衣领减针，2-2-4，减少8针，再织12行至肩部，余下6针，收针断线。

4.后片起织。起织62针，两边收针5针，然后2-1-5，继续花样B配色，织下针，织成44行的高度时，将中间的30针收针，两边余下6针，织2行后收针断线。将前后片的肩部对应缝合。

5.领片与袖口的编织。前衣领挑出56针，后衣领挑针40针，起织花样A单罗纹针，并配色编织，织6行后收针断线。袖口一圈挑出92针，同样织花样A单罗纹并配色。另一边袖片织法相同。衣服完成。

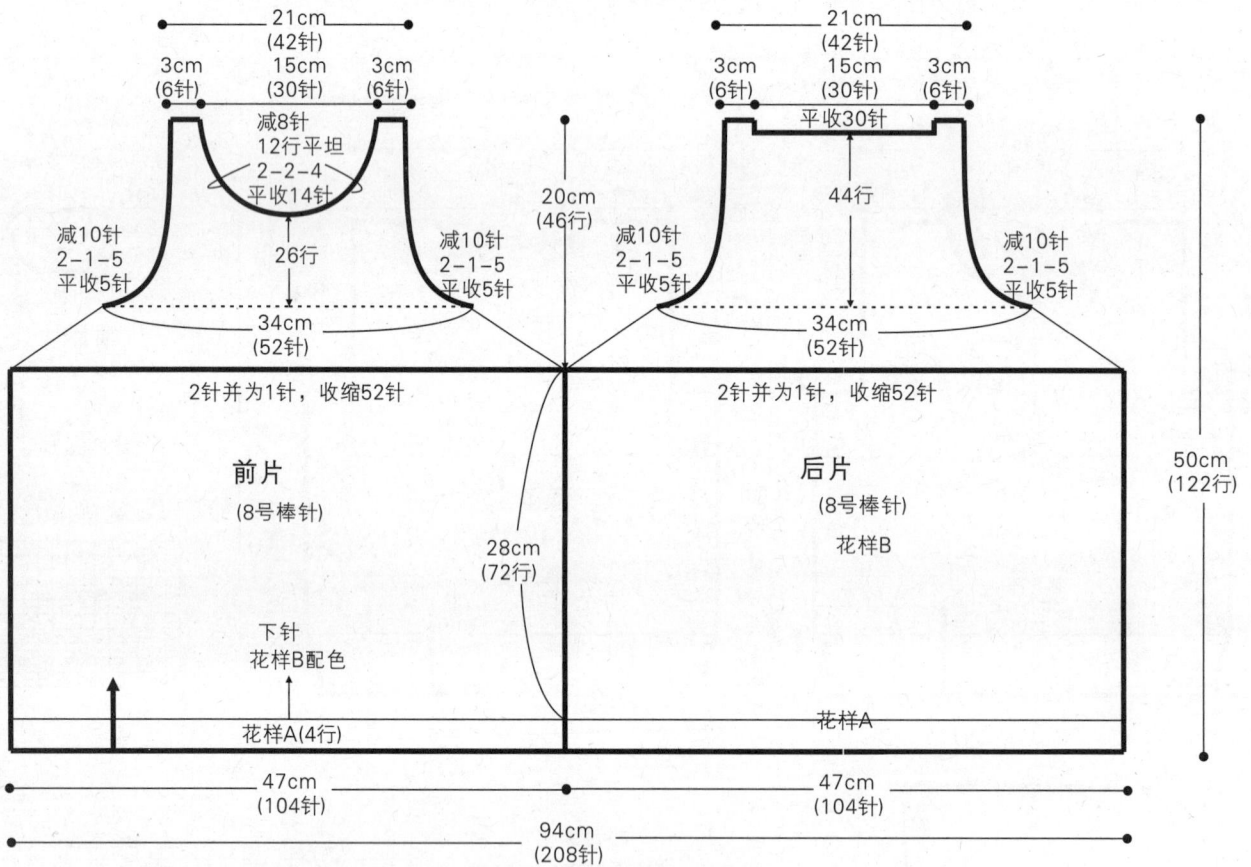

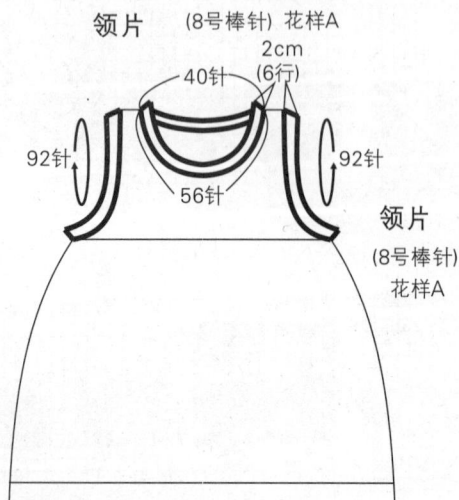

领片 (8号棒针) 花样A
2cm
(6行)
40针
92针    92针
56针

领片
(8号棒针)
花样A

符号说明:

□　　上针

□=□　下针

2-1-3　行-针-次

↑　编织方向

花样A(单罗纹)

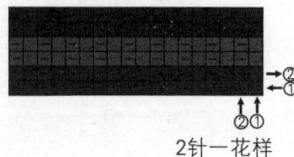

2针一花样

花样B

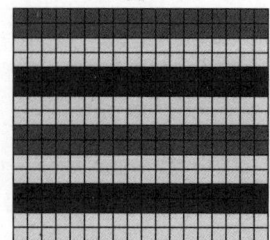

白色短袖背心裙

【成品规格】 衣长34cm，胸宽40cm，肩宽34cm
【工　　具】 12号棒针
【编织密度】 35针×49行＝10cm²
【材　　料】 白色圆棉线500g，红色、绿色线各少

编织要点：

1.棒针编织法。袖窿以上一片织成，袖窿以下分前后片

一片编织。
2.袖窿以上的编织，下针起针法，起100针，花样A起织，花样加针编织30行，共160针，其中领口位置前24行分开编织，而后连接成圈织。织6行后，下一行起，改织花样B，花样加针编织18行，共320针，收针断线。其中领口编织4行短针锁边。
3.袖窿以下的编织，分为前片和后片一片编织，领片开口为前片中心轴，挑出80针，然后起织第一行，分散加64针，在腋下加16针，挑后片80针，同样分散加64针，再在另一边腋下加16针，接上前片，起织下针，一圈共320针，不加减针，织106行，而后再织24行，以12行为对称对折，缝于内缝。
4.图案的编织，用十字绣方法绣上图案花样C，衣服完成。

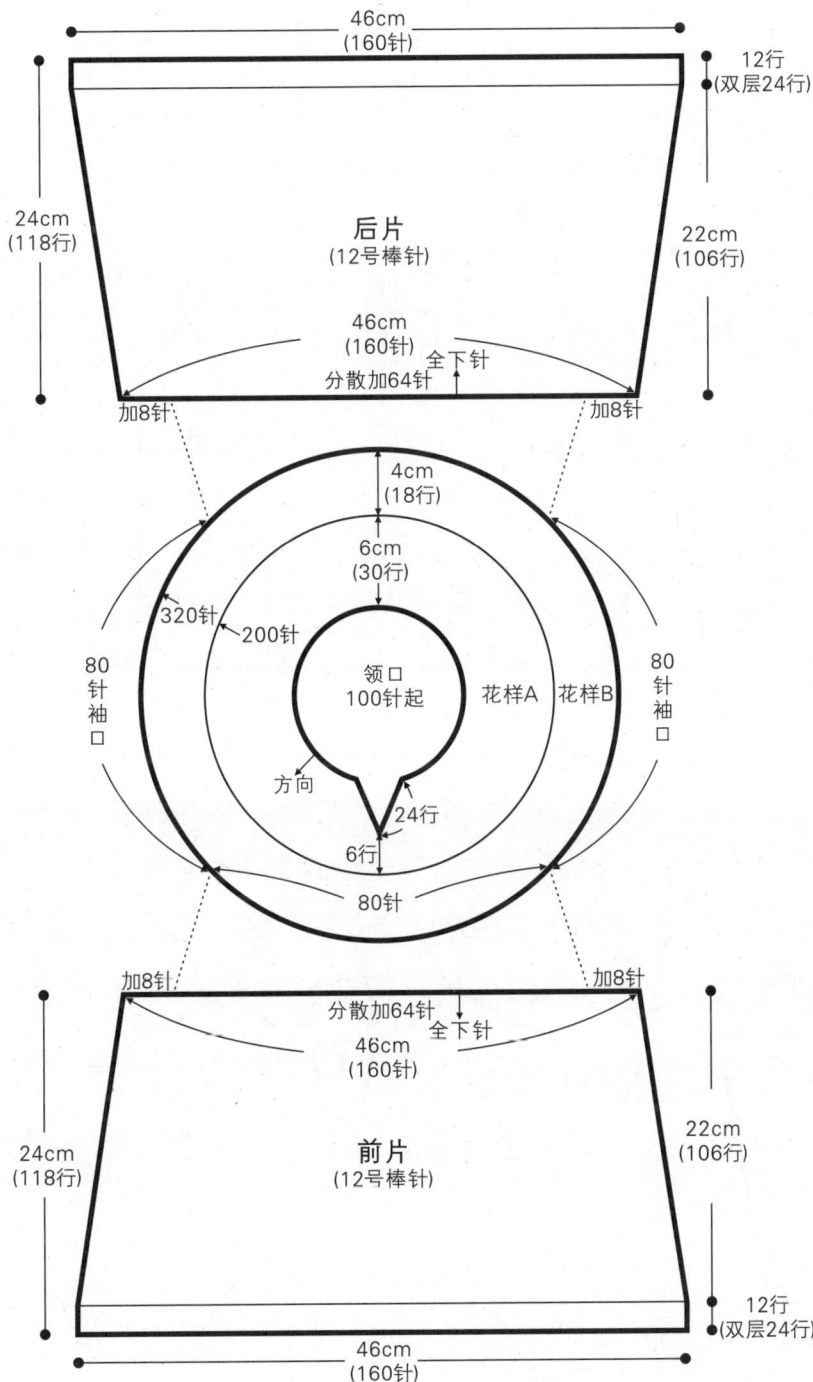

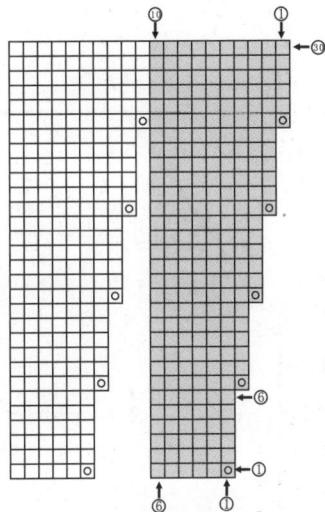

花样A

花样B

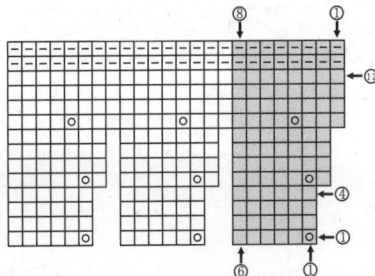

花样C

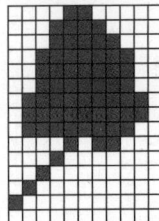

符号说明：

□　　上针

□＝□　下针

2-1-3　行-针-次

↑　　编织方向

回　　镂空针

娃娃领灰黑时尚毛衣

【成品规格】 衣长38cm，胸宽38cm，袖长38cm

【工　具】 10号棒针

【编织密度】 23针×32行=10cm²

【材　料】 黑色毛线300g，灰色毛线150g，纽扣2枚

编织要点：

1.棒针编织法。

2.后片的织法。双罗纹起针法起88针，织18行花样A、用深蓝线织50行下针、4行花样C、灰色线织6行下针后开始按平收4针、2-2-12在两边各收28针，剩32针平针锁边。

3.前片的织法。双罗纹起针法起88针，织18行花样A、50行花样B（用深蓝线织50行下针后再用十字绣花方法绣花样B）、4行花样B、灰色线织6行下针后在中间平收8针，分左右两片编织，先织右片，在右边按平收4针，2-2-11收26针。当下针织够90行后，在左侧按平收4针，2-2-5方法收10针。同样的方法织另一片。

4.袖片的织法。双罗纹起针法起52针，织18行花样A、用深蓝线织50行下针、4行花样C、灰色线织6行下针后开始平收4针、2-2-12在两边各收28针，剩12针平针锁边。同样方法织另一袖片。

5.缝合。用缝衣针把前片、后片、袖片缝合到一起。

6.小门襟织法。沿小门襟边挑34针，用深蓝线织10行花样D，再换灰色线织2行花样D，单罗纹锁边，同样方法挑织另一边的小门襟。

7.领片的织法。沿领边挑112针（后领窝挑56针，左右前领窝各挑28针），用深蓝线织40行花样D再换灰色线织2行花样D，单罗纹锁边。

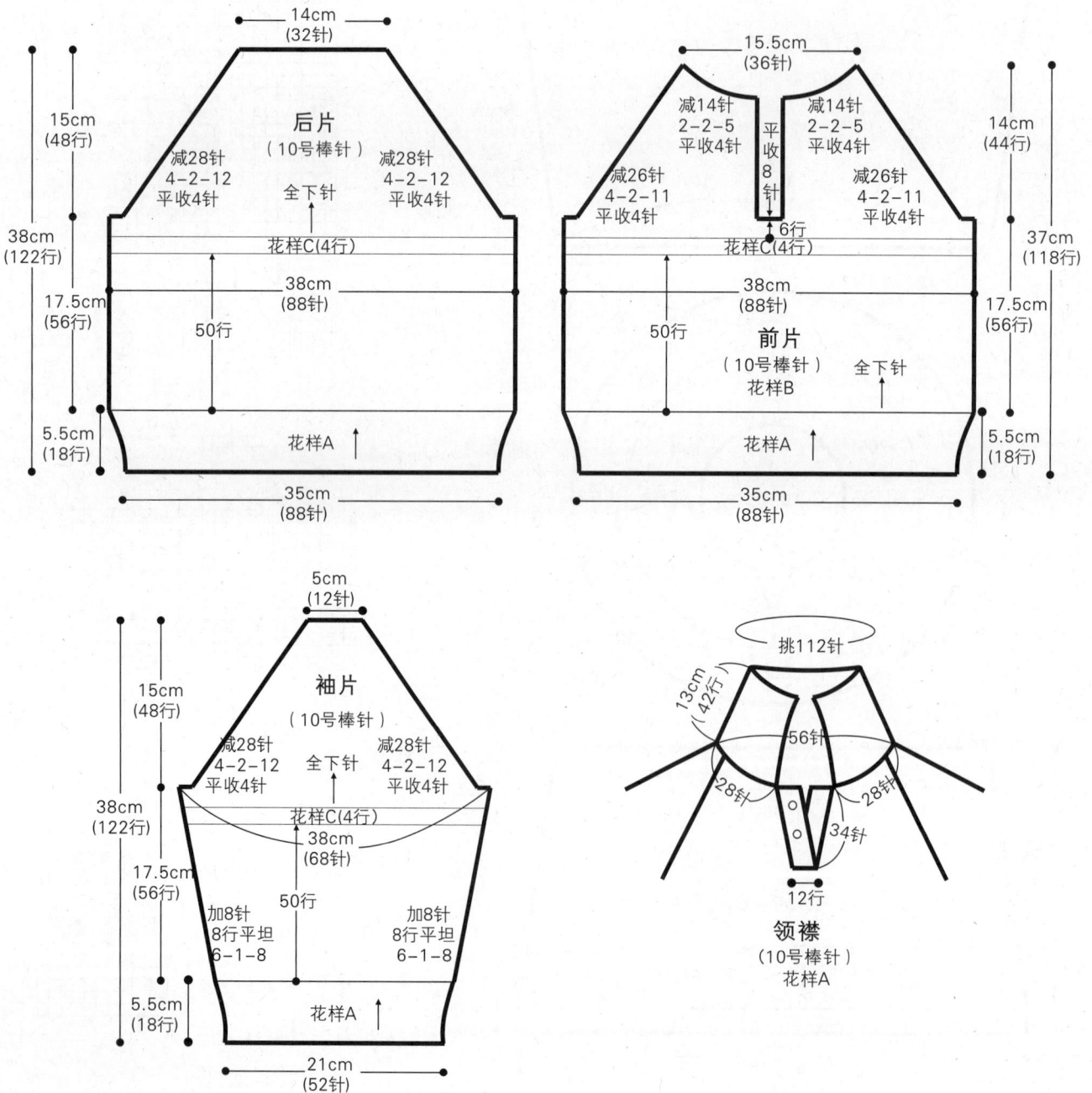

后片
（10号棒针）
14cm（32针）
15cm（48行）
减28针 4-2-12 平收4针
全下针
减28针 4-2-12 平收4针
花样C（4行）
38cm（88针）
50行
38cm（122行）
17.5cm（56行）
花样A
5.5cm（18行）
35cm（88针）

前片
（10号棒针）
花样B
15.5cm（36针）
减14针 2-2-5 平收4针
平收8针
减14针 2-2-5 平收4针
减26针 4-2-11 平收4针
6行
减26针 4-2-11 平收4针
花样C（4行）
38cm（88针）
50行
全下针
14cm（44行）
37cm（118行）
17.5cm（56行）
5.5cm（18行）
35cm（88针）

袖片
（10号棒针）
5cm（12针）
15cm（48行）
减28针 4-2-12 平收4针
全下针
减28针 4-2-12 平收4针
花样C（4行）
38cm（68针）
50行
38cm（122行）
17.5cm（56行）
加8针 8行平坦 6-1-8
加8针 8行平坦 6-1-8
花样A
5.5cm（18行）
21cm（52针）

领襟
（10号棒针）
花样A
挑112针
13cm（42行）
56针
28针
28针
34针
12行

74

花样A
(双罗纹)

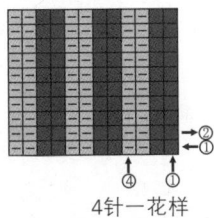

←②
←①
↑④ ↑①
4针一花样

花样C

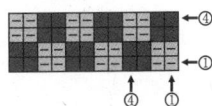

←④
←①
↑④ ↑①

花样B（十字绣花）

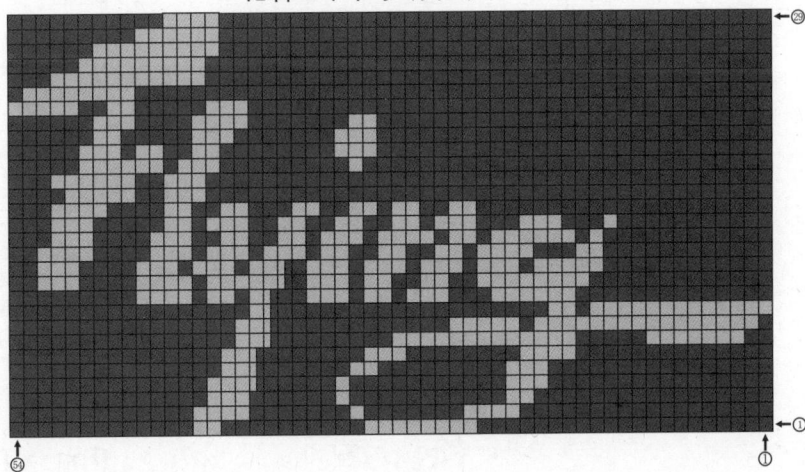

←②⑧
←①
↑54 ↑①

符号说明:

⊟        上针
☐ =⊡    下针
▨        灰色线
■        深蓝色线
2-1-3    行-针-次
↑        编织方向

花样D
(单罗纹)

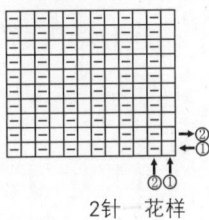

←②
←①
↑② ↑①
2针　花样

宝蓝色套裙(上衣)

【成品规格】 衣长33cm，胸围60cm，肩宽23cm，袖长33cm

【工　具】 2.0mm钩针，12号棒针

【编织密度】 26针×40行=10cm²

【材　料】 蓝色毛线450g，白色毛线80g，白色纽扣6枚

开挂肩，按图解收袖窿收领。左前片同。
2.后片。用12号棒针、蓝色线起78针，织花样A16cm，后领按后片图解编织。
3.袖片。用12号棒针、蓝色线起34针，织花样A22.5cm后收袖山。两边放针与袖山处按图解编织。
4.前后片、袖片缝合。衣边、袖边用2.0mm钩针按衣边图解钩织。用2.0mm钩针、白色线钩20朵花朵，领口缝10朵，两个衣袖口各缝5朵。按图解缝上纽扣。
5.整理熨烫。

编织要点:

1.右前片。用12号棒针、蓝色线起40针织花样A16cm，

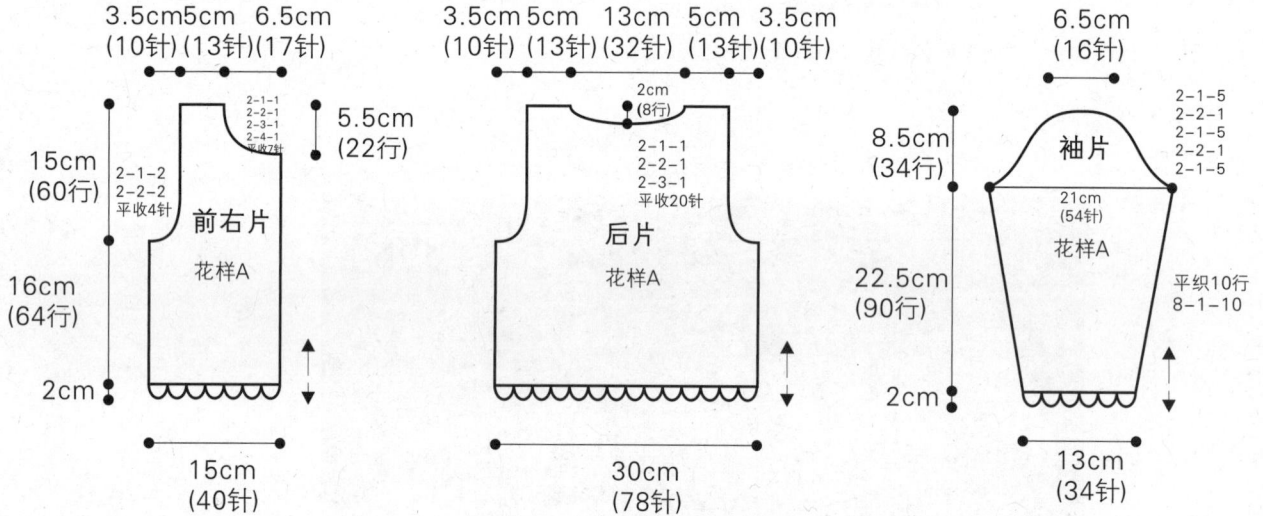

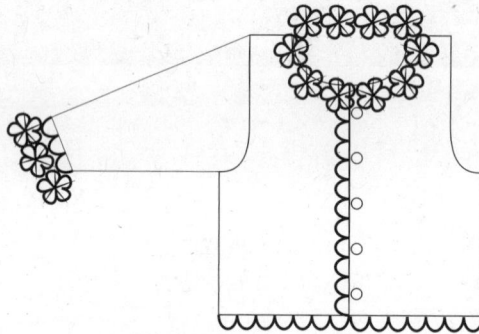

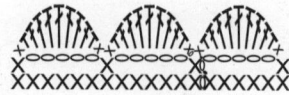

衣边图解

针法说明:

| | 下针 |
| | 上针 |
| | 左上4针麻花 |

引拨针
辫子针
短针
中长针
长针

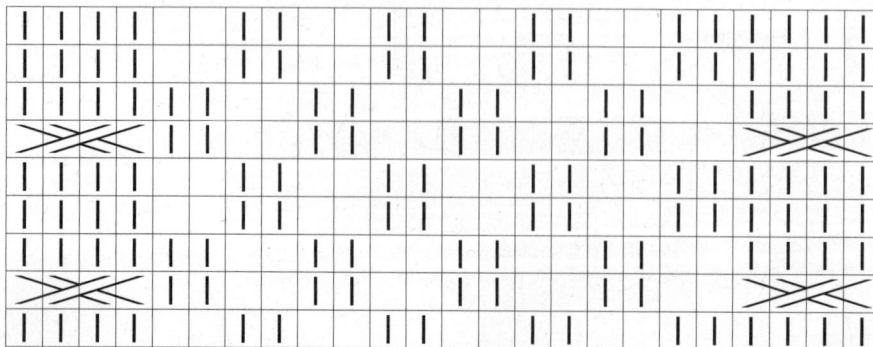

花样A

白色花朵

## 宝蓝色套(裙子)

【成品规格】 裙长23cm，腰围32cm

【工　　具】 2mm 钩针

【编织密度】 24针×27行＝10cm²

【材　　料】 蓝色毛线250g，白色毛线80g

**编织要点:**

1.参照单罗纹图解，从腰部起针，圈起140针单罗纹，编织8行。

2.参照每1/14等份的图解，在腰部的基础上，向下编织平针，编织4行后，每10针加1针，然后编织6行后，每10针加1针。重复6次，最后再编织6行平针结束裙子。

3.参照裙摆花边图解，在裙摆钩1行花边。

4.参照单元花图解，拼钩单元花34个，参照结构图，用手缝针将单元花的1/3内嵌在裙摆。

### 裙子展开图
#### 分14等份

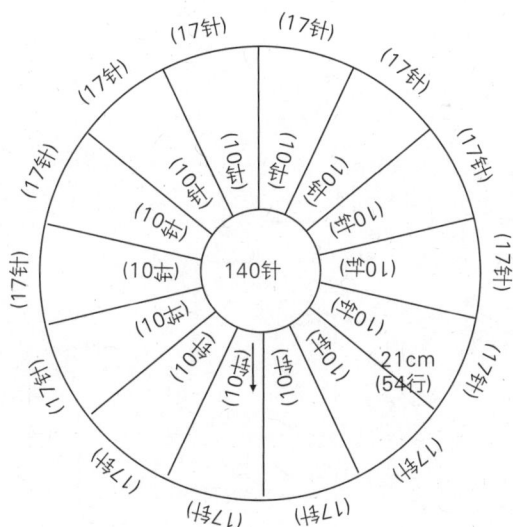

### 裙子结构图

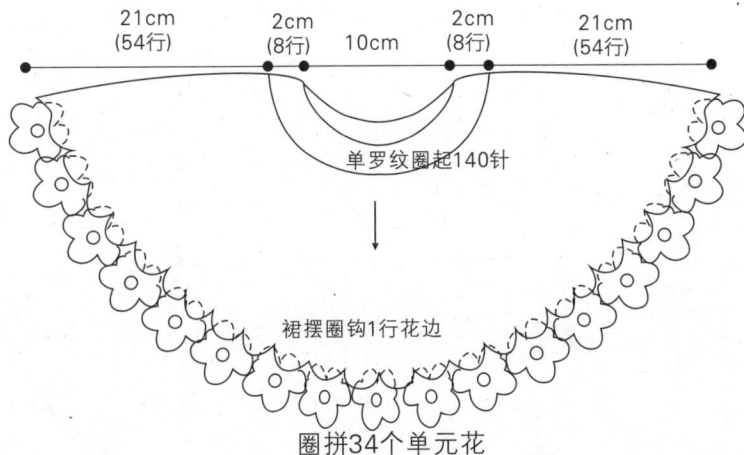

裙摆圈钩1行花边

圈拼34个单元花

### 单罗纹图解

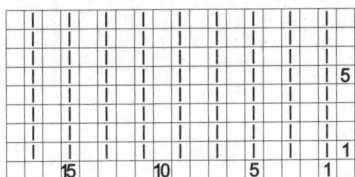

□＝－

### 每1/14等份的图解

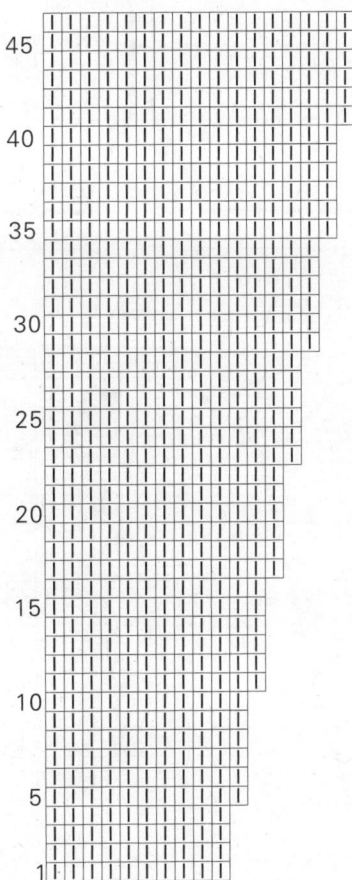

**针法说明:**

| | | | |
|---|---|---|---|
| Ｉ 下针 | | Ｘ 短针 | |
| □ 上针 | | Ｔ 中长针 | |
| ● 引拨针 | | Ｔ 长针 | |
| ○ 辫子针 | | | |

### 裙摆花边图解

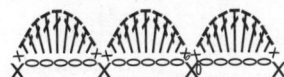

### 单元花的图解
#### 34个

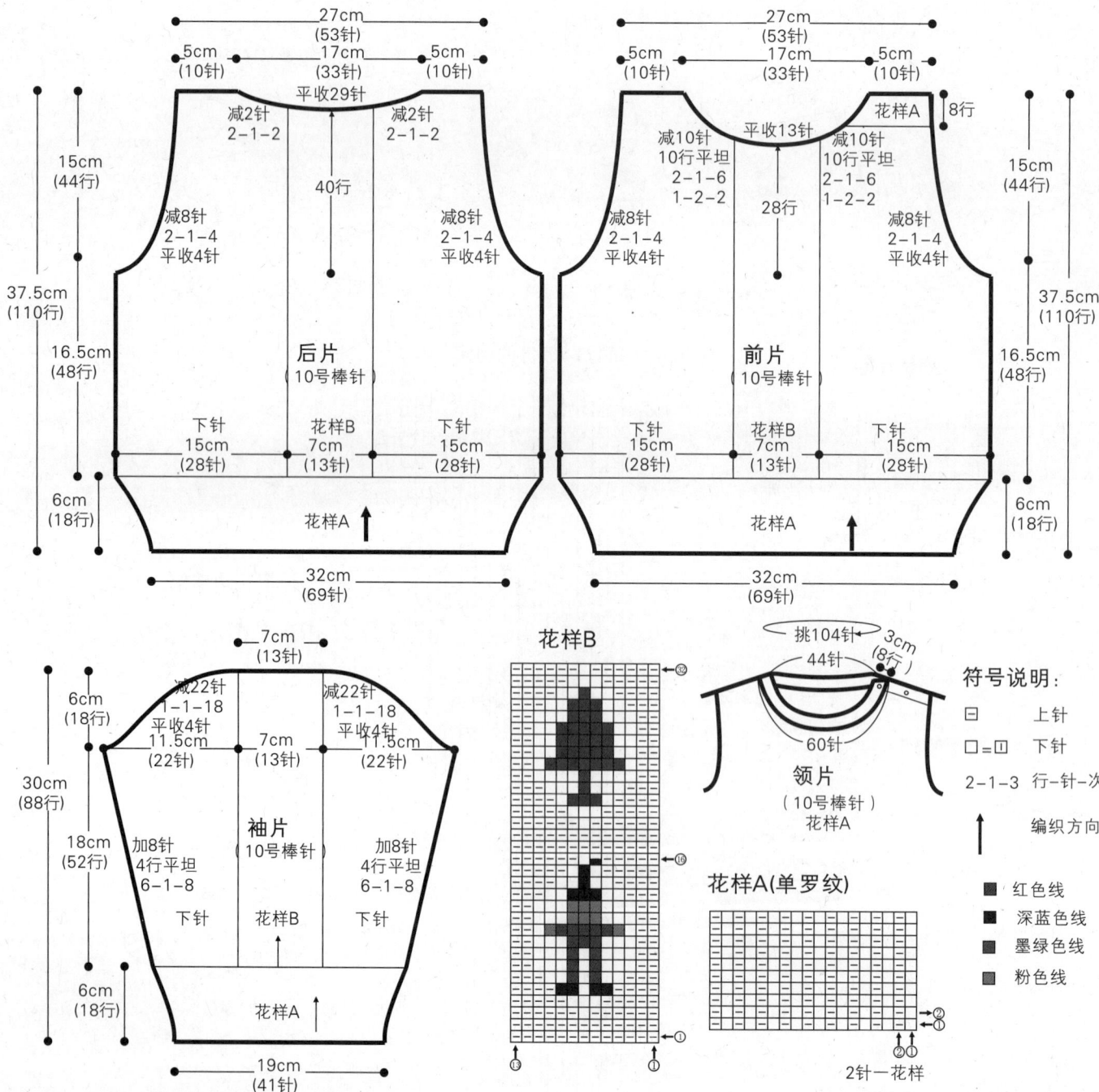

## 小人物图案毛衣

**【成品规格】** 衣长37.5cm，胸宽37cm，肩宽27cm，袖长30cm

**【工 具】** 10号棒针

**【编织密度】** 19针×29行=10cm²

**【材 料】** 白色丝毛线500g，黑色和红色线各少许

**编织要点:**

1.棒针编织法。

2.后片的织法。单罗纹起针法起69针，织18行花样A，后开始排花，从左至右依次是28针织全下针、13针织花样B、28针织全下针，按排好的花样织48行开始在两边按平收4针、2-1-4方法各收8针。当下针织够88行后在中间平收29针，分两片编织。先织右片，在左边按2-1-2方法收2针，剩10针平针锁边。同样方法织另一片。

3.前片的织法。单罗纹起针法起69针，织18行花样A，后开始排花，从至至右依次是28针织全下针、13针织花样B、28针织全下针，按排好的花样织48行开始在两边按平收4针、2-1-4方法各收8针。当下针织够76行后在中间平收13针，分两片编织。先织右片，在左边按1-2-2，2-1-6，10行坦方法收10针，剩10针平针锁边。同样方法织另一片。

4.袖的织法。单罗纹起针法起41针，织18行花样A，后开始排花，从左至右依次是14针织全下针、13针织花样B、14针全下针，按排好的花样先织52行并同时按6-1-8，4行平坦在两边各加8针，接着再在两边按平收4针、1-1-18方法各收22针。剩13针平针锁边。同样方法织另一袖片。

5.缝合。把织好的前片、后片、袖片缝合到一起。

6.领片的织法。沿领窝边挑104针（前领窝挑60针，后领窝44针），织8行花样A，单罗纹法锁边。

### 后片（10号棒针）

- 27cm（53针）
- 5cm（10针） / 17cm（33针） / 5cm（10针）
- 平收29针
- 减2针 2-1-2 / 40行 / 减2针 2-1-2
- 15cm（44行）
- 减8针 2-1-4 平收4针
- 37.5cm（110行）
- 16.5cm（48行）
- 下针 15cm（28针） / 花样B 7cm（13针） / 下针 15cm（28针）
- 6cm（18行）
- 花样A
- 32cm（69针）

### 前片（10号棒针）

- 27cm（53针）
- 5cm（10针） / 17cm（33针） / 5cm（10针）
- 花样A 8行
- 减10针 10行平坦 2-1-6 1-2-2 / 平收13针 / 减10针 10行平坦 2-1-6 1-2-2
- 28行
- 减8针 2-1-4 平收4针
- 15cm（44行）
- 37.5cm（110行）
- 16.5cm（48行）
- 下针 15cm（28针） / 花样B 7cm（13针） / 下针 15cm（28针）
- 6cm（18行）
- 花样A
- 32cm（69针）

### 袖片（10号棒针）

- 7cm（13针）
- 6cm（18行）
- 减22针 1-1-18 平收4针 11.5cm（22针） / 7cm（13针） / 减22针 1-1-18 平收4针 11.5cm（22针）
- 30cm（88行）
- 18cm（52行）
- 加8针 4行平坦 6-1-8 / 加8针 4行平坦 6-1-8
- 下针 / 花样B / 下针
- 6cm（18行）
- 花样A
- 19cm（41针）

### 领片（10号棒针）花样A

- 挑104针
- 44针
- 3cm（8行）
- 60针

### 花样B

### 花样A(单罗纹)

2针一花样

**符号说明:**

- □ 上针
- □=□ 下针
- 2-1-3 行-针-次
- ↑ 编织方向

- ■ 红色线
- ■ 深蓝色线
- ■ 墨绿色线
- ■ 粉色线

78

粉色公主外套

| 【成品规格】 | 衣长41.5cm，胸宽26cm，肩宽21cm，袖长28cm |
| 【工　　具】 | 11号棒针 |
| 【编织密度】 | 31针×36行=10cm² |
| 【材　　料】 | 粉红色宝宝绒线300g，白色线50g |

编织要点:

1.棒针编织法。由左右前片、后片、和两个袖片组成。
2.前片的编织。由左前片与右前片组成。以右前片为例说明。
(1)下针起针法，用白色线，起54针，起织花样A搓板针，织6行后，改用粉色线织下针，不加减针，织20行，在第20行里，改用白色线织1行上针。然后改用粉色线，改织下针，并在第一行里，分散收9针，针数余下45针，继续织下针，不加减针，织76行的高度后，在最后一行里，再次分散收6针，针数余下39针，下一行改用白色线，起织花样B，织6行后改用粉色线起织下针，再织6行至袖窿。
(2)下一行袖窿起减针，左侧减4针后，2-1-4，当织成袖窿算起18行的高度时，下一行减前衣领。先收针4针，然后2-2-4，2-1-4，再织6行至肩部，余下15针，收针断线。相同的方法去编织左前片。

3.后片的编织。下针起针法，起115针，起织花样A，用白色线，然后改用粉色线织下针，不加减针，织20行，在第20行里，改用白色线织1行上针。然后改用粉色线，改织下针，并在第一行里，分散收19针，针数余下96针，继续织下针，不加减针，织76行的高度后，在最后一行里，再次分散收15针，针数余下81针，下一行改用白色线，起织花样B，织6行后改用粉色线起织下针，再织6行至袖窿。袖窿起两边减针，各收针4针，然后2-1-4，当织成袖窿算起32行的高度后，下一行中间收针23针，两边减6针，2-2-2，2-1-2，织8行后至肩部，余下15针，收针断线。
4.袖片的编织。下针起针法，起64针，用白色线，起织花样A，织6行，然后改用粉色线织下针，织26行后，在最后一行里，用白色线织上针1行。然后改用粉色线起织下针，并在第一行里，分散收针18针，针数余下46针，起织下针，并在袖侧缝上加针，6-1-9，织54行后再织6行至袖山减针，两边各收针4针，然后2-1-4，再织2行后收针，针数余下48针。相同的方法去编织另一个袖片。
5.缝合。将前后片的肩部对应缝合，再将前后片的侧缝对应缝合，最后将两个袖片的袖山边线与衣身的袖窿边线对应缝合。再将袖侧缝对应缝合。
6.沿着前后衣领边，挑出96针，用白色线，起织花样A搓板针，织4行，然后改用粉色线，起织下针，织16行的高度后再用白色线织花样A，织4行后收针断线。衣襟的编织。分别沿着左右衣襟边，用白色线，挑出110针，起织花样A，织2行后改用粉色线织4行，最后用粉色线织2行后收针断线。用丝带穿过衣身的花样B形成的孔，做腰间系带。衣服完成。

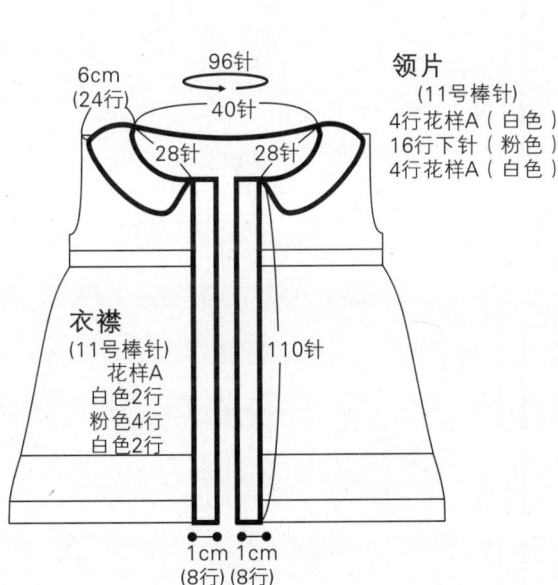

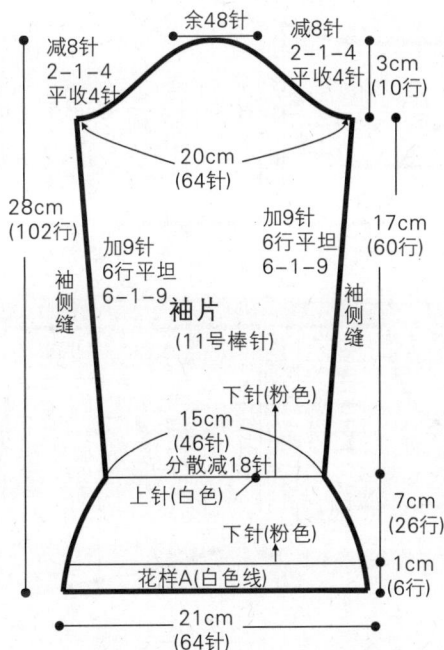

6cm
(24行)
96针
40针
28针　28针

领片
(11号棒针)
4行花样A（白色）
16行下针（粉色）
4行花样A（白色）

衣襟
(11号棒针)
花样A
白色2行
粉色4行
白色2行

110针

1cm　1cm
(8行) (8行)

减8针
2-1-4
平收4针

余48针

减8针
2-1-4
平收4针

3cm
(10行)

20cm
(64针)

28cm
(102行)

袖侧缝

加9针
6行平坦
6-1-9

加9针
6行平坦
6-1-9

袖片
(11号棒针)

袖侧缝

17cm
(60行)

下针(粉色)

15cm
(46针)
分散减18针

上针(白色)

下针(粉色)

7cm
(26行)

花样A(白色线)

1cm
(6行)

21cm
(64针)

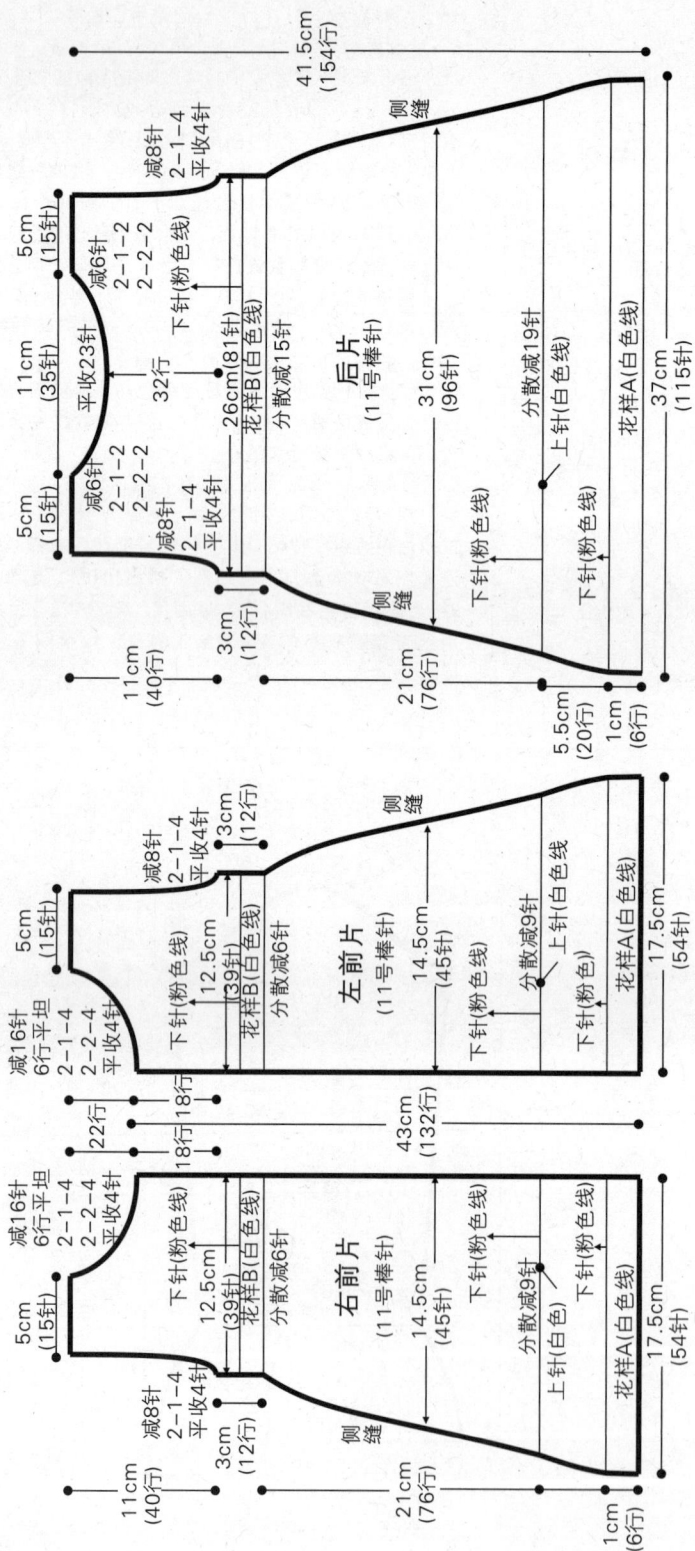

花样A(搓板针)

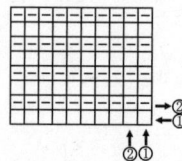

花样B

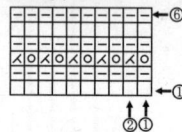

帅气翻领装

【成品规格】衣长42cm，胸宽45cm，肩宽36cm，袖长37cm

【工　具】12号棒针

【编织密度】22针×28行＝10cm²

【材　料】红色线200g，黑色线200g，米色线100g

编织要点：

1.棒针编织法，由前片1片、后片1片组成。从下往上织起，再编织领片。

2.前片的编织，单罗纹起针法，起85针，花样A起织，不加减针织20行。下一行起改织下针，不加减针织38行黑色线+22行红色线至袖隆。下一行两侧同时减针，一次性收针5针，织8行后，改用灰色线，将织片分成两半，将中间1针收掉，每一半织24行后，减前衣领边。

收针9针，然后2-2-4，织8行，减9针。不加减针编织2行高度，余下20针，收针断线。

3.后片的编织，自织成袖隆算起38行高度，下一行进行衣领减针，从中间收针31针，两侧相反方法减针，2-1-2，织4行，减2针，余下20针，其中最后34行改织灰色线，收针断线，其他与前片一样。

4.袖片的编织，一片织成。单罗纹起针法，起40针，花样A起织，不加减针织20行。下一行起改织56行黑色线下针+30行红色下针，两侧同时加针，8-1-10，织80行，加10针。不加减针编织6行高度，共60针，收针断线。用相同方法编织另一袖片。

5.拼接，将前后片侧缝对应缝合。将左右袖片侧缝与衣身侧缝对应缝合。

6.领片的编织，从前片左右位置各挑针24针，后片位置挑针40针共88针，花样A起织26行灰色线+2行红色线，不加减针编织30行，收针断线，在开襟和衣领开口内侧缝上一根拉链。衣服完成。

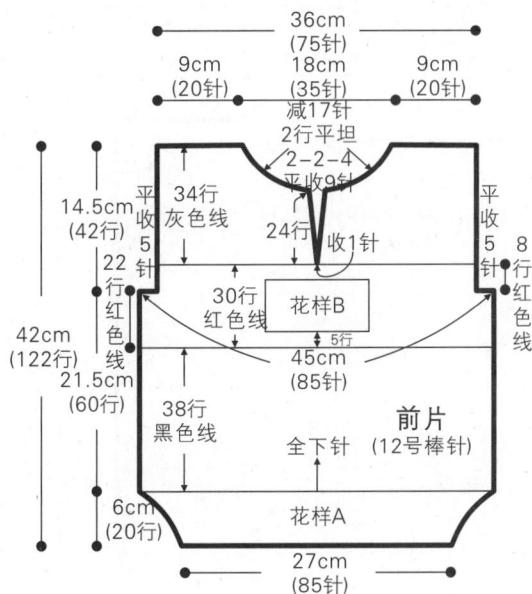

前片（12号棒针）

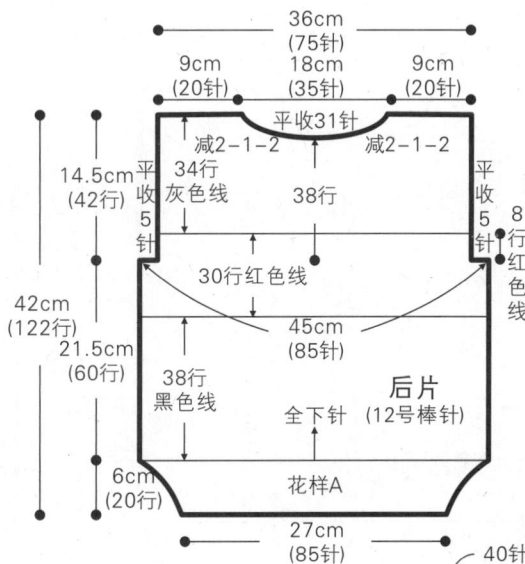

后片（12号棒针）

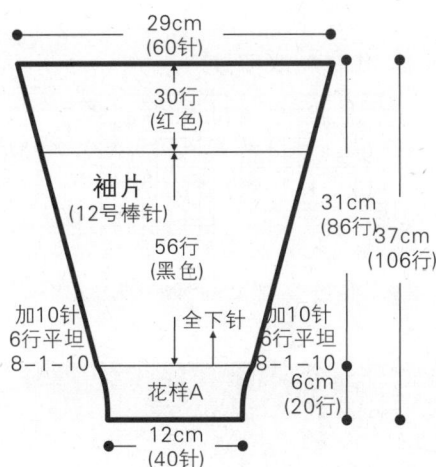

袖片（12号棒针）

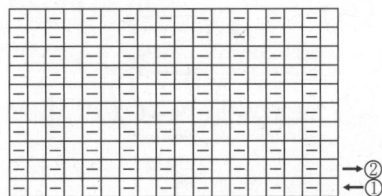

花样A(单罗纹)

2针一花样

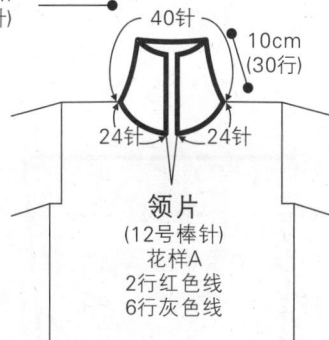

领片
(12号棒针)
花样A
2行红色线
6行灰色线

花样B

符号说明：

□　上针
□=□　下针
⊠　左并针
⊠　右并针
⊠　镂空针
2-1-3 行-针-次
↑编织方向

## 配色编织毛衣

【成品规格】 衣长45cm，胸宽46cm，肩宽46cm，袖长40cm

【工 具】 10号棒针

【编织密度】 20针×32行=10cm²

【材 料】 灰色羊毛线150g，墨绿色羊毛线250g

编织要点：

1.棒针编织法。由前片、后片、2个袖片组成。

2.前片的编织。双罗纹起针法，用灰色线，起织92针，起织花样A双罗纹针，不加减针，织20行，下一行起，全改织下针，不加减针，织20行后，依照花样B的方法，中间由2针用绿色线起织花样B的绿色图解花样。两侧仍用灰色线织下针，每2行交替换2针花样，照此方法

重复编织46行的高度后，至袖隆，换完所有的灰色线下针花样。往上即是全部用绿色线编织。此行开始作袖口，不加减针，再织46行至前衣领编织。下一行中间收针16针，两边减针，2-1-8，至肩部各下30针，收针断线。

3.后片的编织。袖隆以下织法与前片相同，袖隆起织成54行的高度再进行后衣领边的编织。下一行中间收针16针，两边减针，2-1-4，至肩部30针，收针断线。将前后片的肩部对应缝合，再将侧缝灰色线部分的宽度缝合。留下的孔洞为袖口。

4.袖片单独织成。双罗纹起针法，用灰色线，起44针，起织花样A，不加减针，织20行，下一行起全织下针，并在两袖侧缝上加针，8-1-10，再织10行结束编织。当用灰色线织下针20行后，和前后片一样的方，编织花样B，换线编织。织成88行的袖身后，收针断线。相同的方法去织另一个袖片。将袖片收针边与衣身的袖口边对应缝合。最后沿着前后衣领边，用灰色线，挑出114针，起织花样A双罗纹针，灰色织4行后，再改用绿色线织8行收针断线。衣服完成。

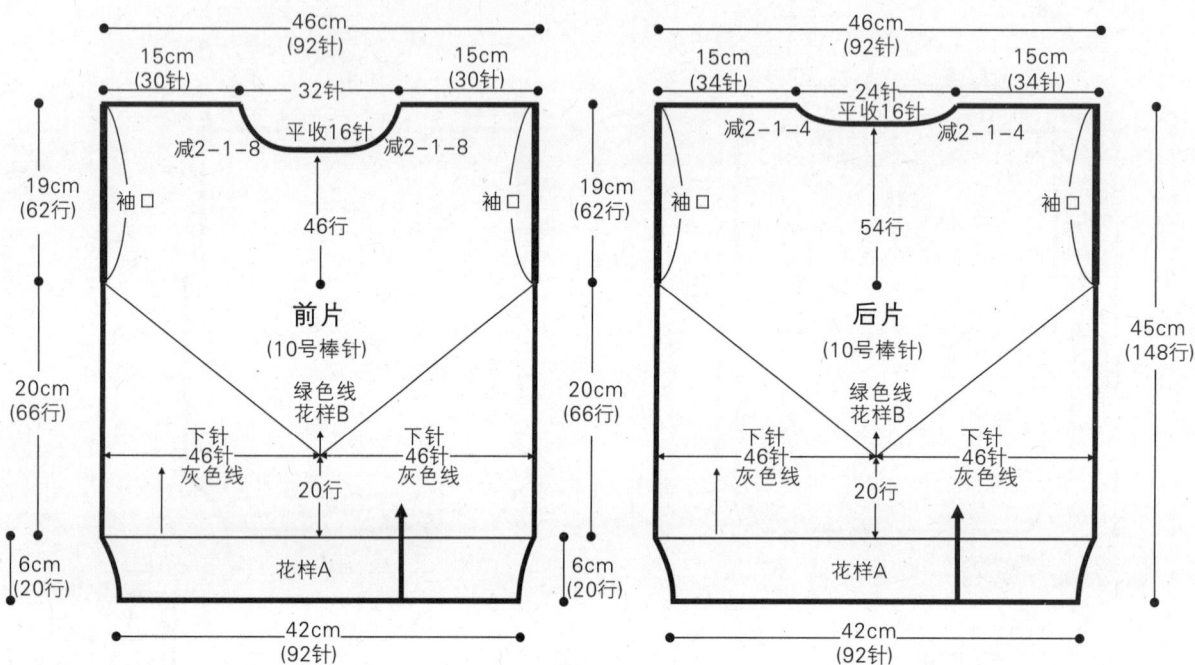

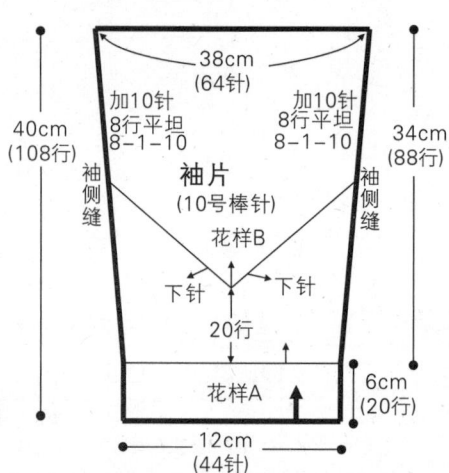

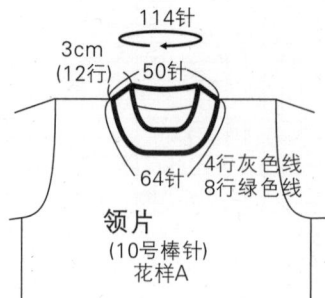

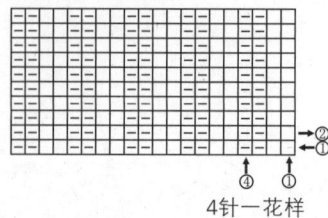

符号说明：

□ 上针

□=□ 下针

2-1-3 行-针-次

↑ 编织方向

小熊背心

【成品规格】 衣长32cm，胸围60cm，肩宽24cm

【工　　具】 13号、14号棒针

【编织密度】 26针×35行=10cm²

【材　　料】 咖啡色毛线180g，白色线180g，纽扣4枚

编织要点：

1.右前片，用14号棒针、咖啡色线起40针织单罗纹

4cm，换13号棒针织花样A18行，往上编织花样B44行，按图解收袖窿、收领子。左前片花样B的部分全用白线编织，最后绣上绣图A。

2.后片，用14号棒针、咖啡色线起80针，边与前片织法同，换13号棒针后先织花样A，再织花样C，具体织法参照图解。

3.前后片缝合后按图解同时挑领子和门襟，还有袖边，用14号棒针、咖啡色线编织编织单罗纹3cm。

4.钉纽扣4枚。

5.整理熨烫。

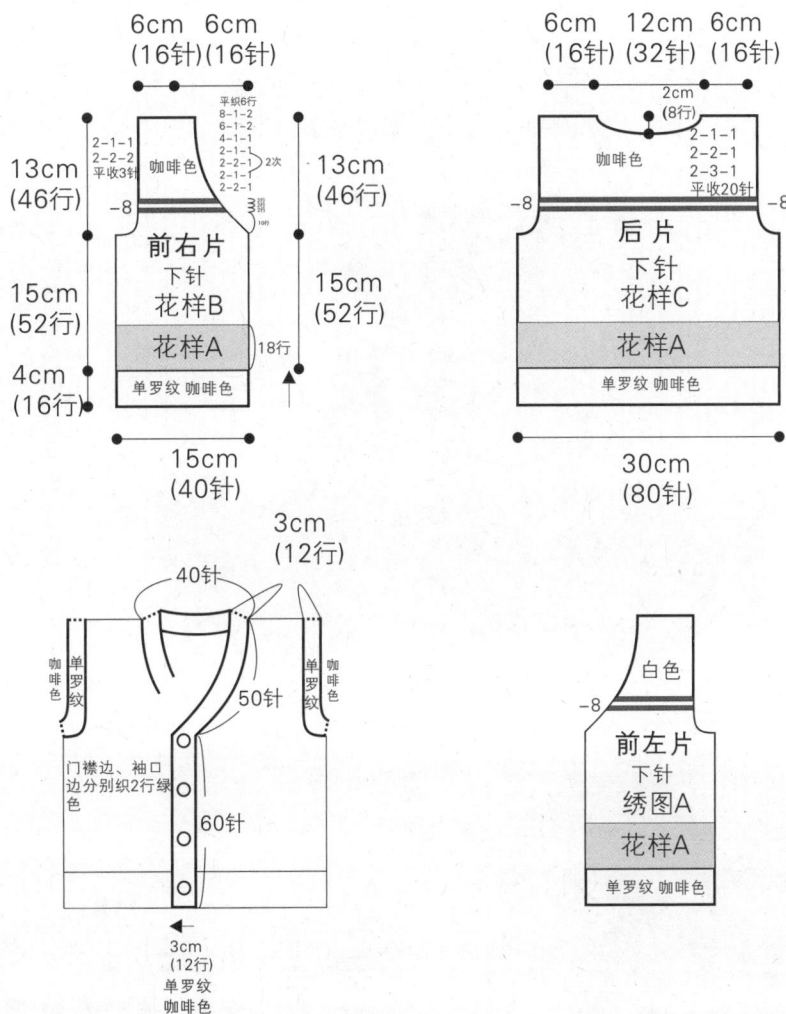

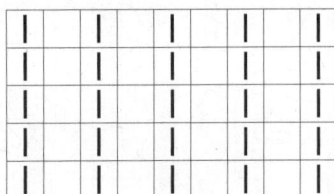

单罗纹

针法说明

| | 下针 |
| | 上针 |

83

花样A

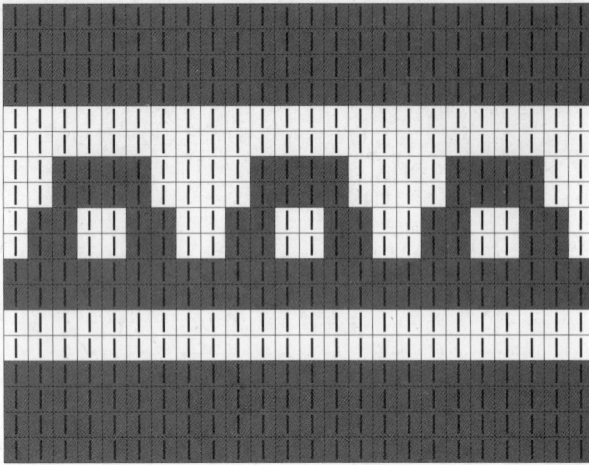

■ 咖啡色

| 白色

花样C

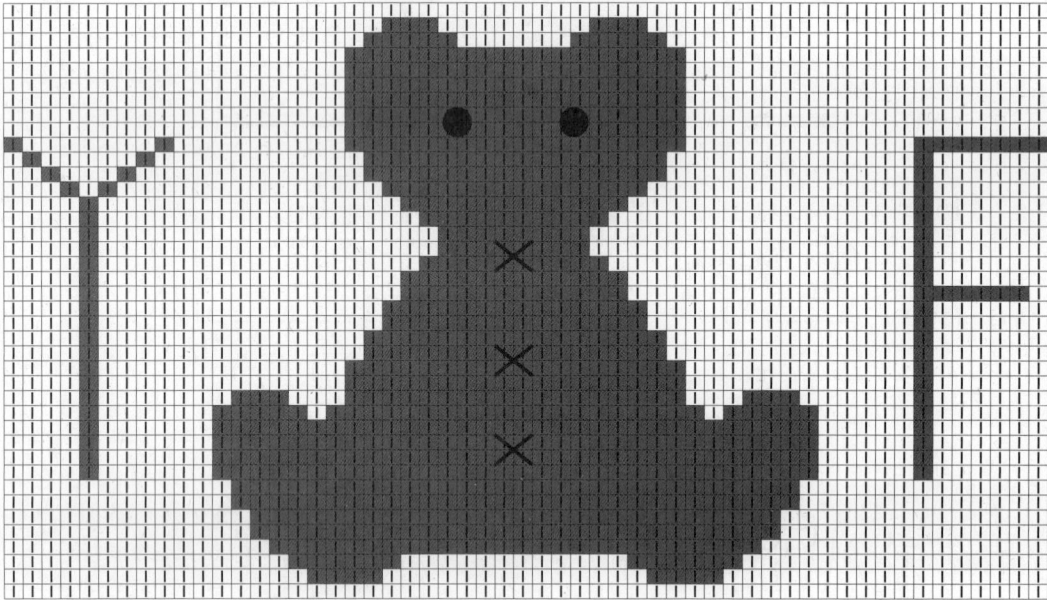

花样B

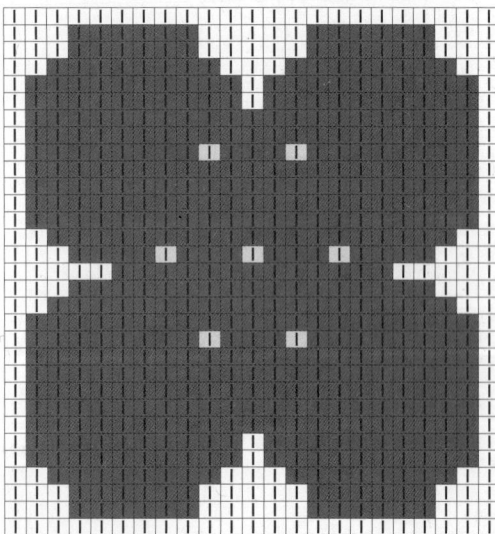

■ 咖啡色

| 白色

| 黄色

绣图A

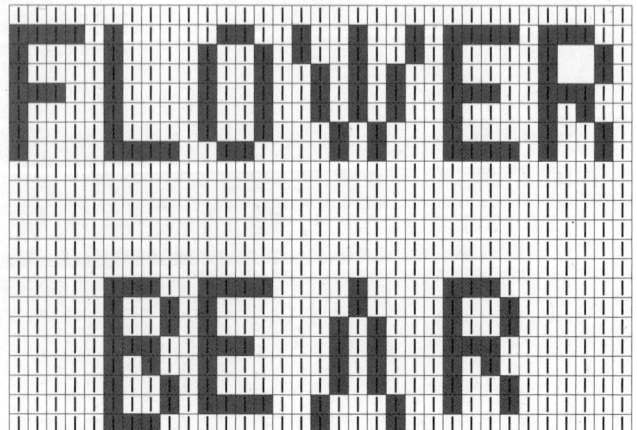

84

荷叶领毛衣

**【成品规格】** 衣长36cm，下摆宽32cm，连肩袖长43cm

**【工　具】** 10号棒针，钩针

**【编织密度】** 22针×28行=10cm²

**【材　料】** 红色、黑色羊毛线各300g，编绳1根

编织要点：

1.毛衣用棒针编织，由1片前片、1片后片、2片袖片组成，从上往下编织。

2.先织领口环形片。用黑色线，下针起针法起72针，环织花样A，并按花样A加针，共加160针，织完42行时，织片的针数为232针，环形片完成。

3.开始分出前片、后片和2片袖片，用红色线编织。

(1)前片，分出62针，并在两边各平加4针，共70针，继续编织全下针，侧缝不用加减针，织至44行时改织单罗纹，收针断线。

(2)后片，分出62针，编织方法与前片一样。

4.袖片编织。用红色线编织。左袖片分出54针，并在两边各平加4针，共62针，继续编织全下针，袖下减针，方法是每4行减1针减11次，织至64行时，改织14行单罗纹，最后2行用黑色线编织，收针断线。同样方法编织右袖片。

5.缝合。将前片的侧缝和后片的侧缝缝合。两袖片的袖下分别缝合。

6.领片编织。领圈边挑84针，织14行单罗纹，并用红色线钩织花边。系上装饰绳子。编织完成。

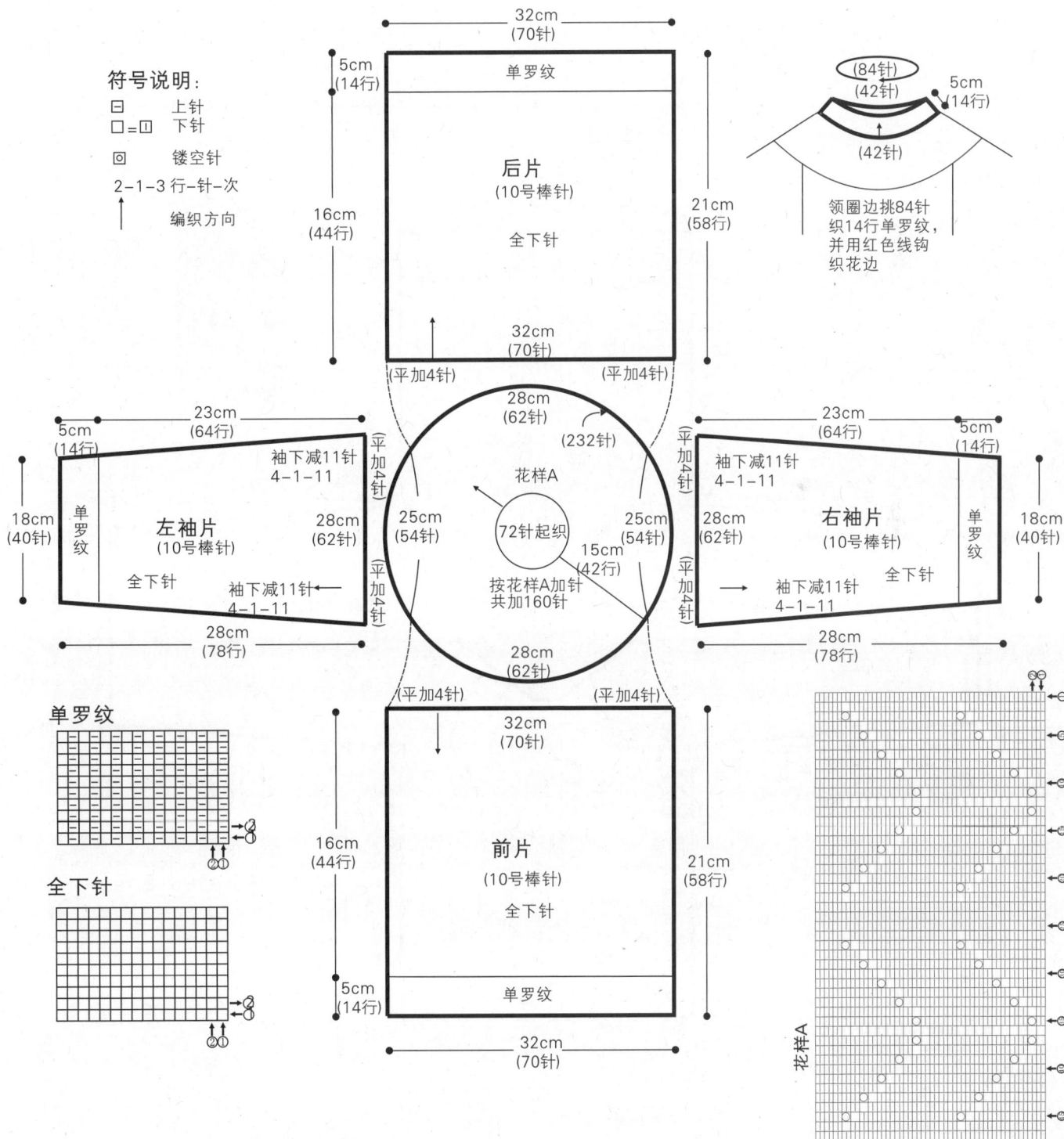

符号说明：

- □　　上针
- □=□　下针
- 回　　镂空针
- 2-1-3 行-针-次
- ↑　　编织方向

后片
(10号棒针)
全下针

32cm(70针)
5cm(14行)
单罗纹
16cm(44行)
32cm(70针)
(平加4针)  (平加4针)
21cm(58行)

领圈边挑84针
织14行单罗纹，
并用红色线钩织花边
(84针)(42针)
5cm(14行)
(42针)
(42针)

左袖片
(10号棒针)
全下针

23cm(64行)
5cm(14行)
单罗纹
18cm(40针)
袖下减11针 4-1-11
28cm(62针)
袖下减11针 4-1-11
(平加4针)(平加4针)
28cm(78针)

28cm(62针)
(232针)
花样A
72针起织
25cm(54行)
15cm(42行)
按花样A加针共加160针
28cm(62针)
(平加4针)(平加4针)
25cm(54行)

右袖片
(10号棒针)
全下针

23cm(64行)
5cm(14行)
单罗纹
18cm(40针)
袖下减11针 4-1-11
28cm(62针)
袖下减11针 4-1-11
(平加4针)(平加4针)
28cm(78针)

前片
(10号棒针)
全下针

32cm(70针)
16cm(44行)
5cm(14行)
单罗纹
21cm(58行)
32cm(70针)

单罗纹

全下针

花样A

金鱼图案毛衣

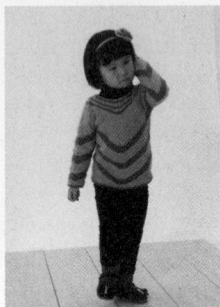

【成品规格】 衣长31cm，胸宽28cm，肩宽28cm，
袖长34cm

【工　　具】 10号棒针

【编织密度】 28针×42行=10cm²

【材　　料】 粉红色奶棉绒线200g，棕色线100g

38针为袖片，每条花样B之间均如此分配。起织前片，如结
构图所示，前片有中间的花样B8针，两边51针花样A搓板
针，起织用棕色线织下针，在腋下用单起针法，起5针，在
内侧第5针上进行并针，2-1-5，同时棕色线织成10行高
度，而花样B两边的针继续加针，每织2行加1针，而侧缝上
改为减针，每织2行减1针，依照图解分配的花样和颜色毛
线，交替编织，将花样B两边的针数加33针，2-1-33，而
侧缝上减41针，2-1-41，当织成66行后，下摆边开始减
针，从花样B中心一分为二，各4针花样B，往外减针，2-4-
5，2-2-12，最后余下2针，收针。另一边织法相同。而用
相同的方法编织后片。

编织要点：

1.棒针编织法。从领口起织。至腋下分出前片与后片，
左袖片和右袖片各自编织。

2.领口起织，下针起针法，用粉红色线起132针，分配
花样，每组花样B选8针，花样B之间相隔25针，25针两
边的1针上进行加针，2-1-32，这25针起织花样A搓板
针，依照花样A进行配色编织，织成18行，然后全用粉
色线织46行，花样A加成89针。

3.分片编织。89针花样A搓板针，分成51针为前片，

4.袖片的编织。分出袖片38针，还有中间的花样B8针，腋下
是挑出衣身的10针，在两边减针，2-1-5，袖身加减针位置
与衣身的相同，袖侧缝减针，2-1-37，花样B两侧加针，
2-1-34，至袖口从中间一分为二，减针，2-4-8，余下4
针，收针。相同的方法织另一边袖片。最后用棕色线，沿着
衣身下摆边，挑针钩织花样D花边。领边先用棕色线钩织一
圈花样D，再用粉色线钩织一圈花样E。衣服完成。

符号说明：

□ 上针
□=□ 下针
＋ 短针
┃ 长针
2-1-3 行-针-次
○○○ 锁针

↑ 编织方向

▒▒▒ 左上2针与右下2针交叉

花样C

花样A

花样B

花样D

花样E

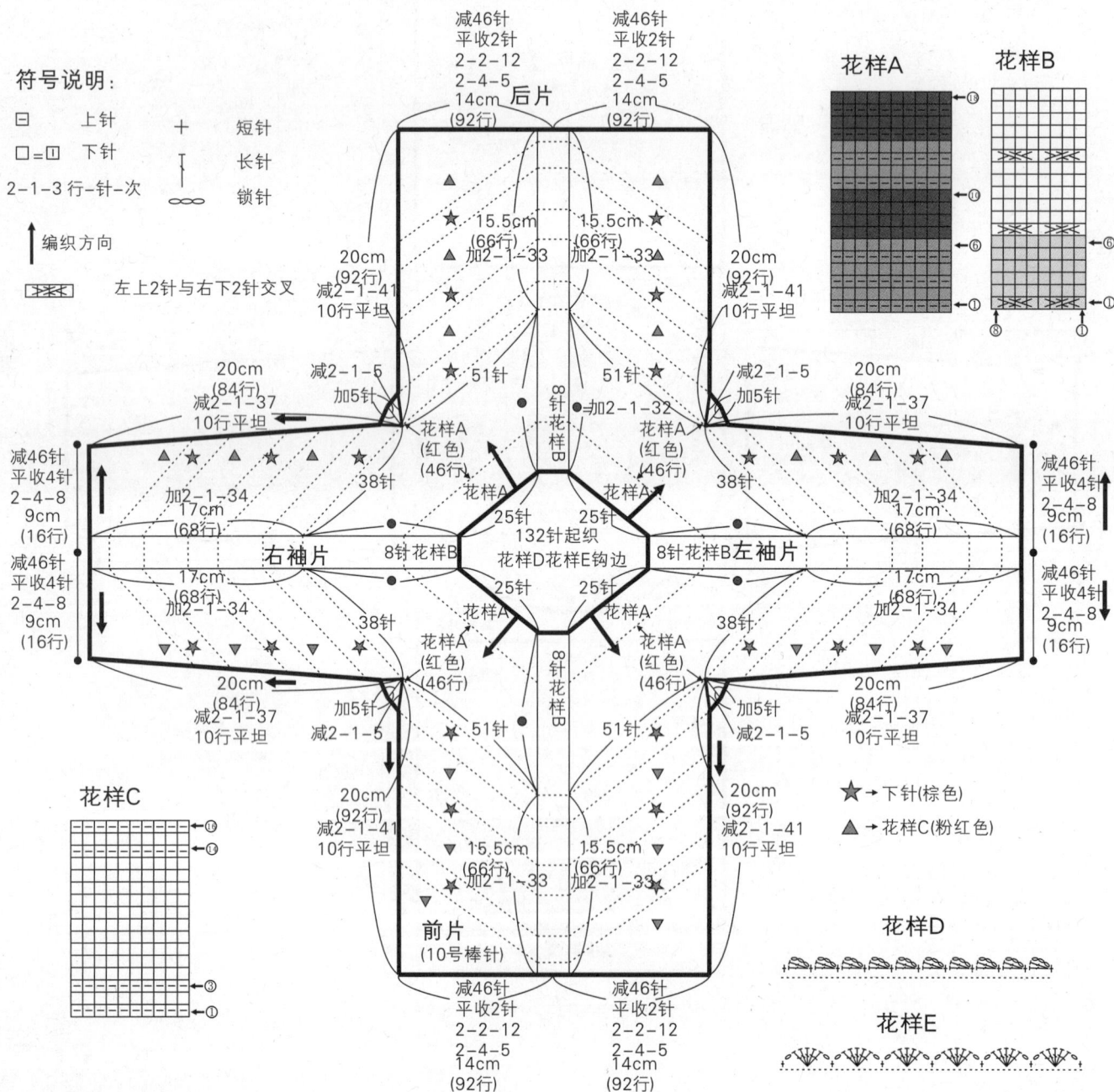

★→下针(棕色)
▲→花样C(粉红色)

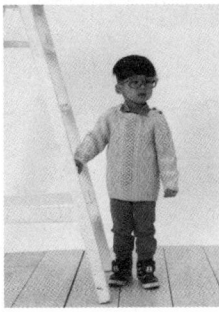

菱形花样毛衣

【成品规格】 衣长33.5cm，胸宽34cm，肩宽17cm，袖长28cm
【工　　具】 10号棒针
【编织密度】 25针×36行=10cm²
【材　　料】 米白色羊毛线400g

编织要点:

1.棒针编织法。
2.后片的织法。双罗纹起针法起80针，织12行花样A、50行花样B（织花样B的第1行分散加6针），后在两边按2-1-30各收掉30针，剩26针平针边。
3.前片的织法。双罗纹起针法起80针，织12行花样A、50行花样B（织花样B的第1行分散加6针），后在两边按2-1-30各收掉30针，花样B织够94行时在中间平收10针，分左右两编织。先织右片，在左边按2-1-8方法减完剩余的8针。同样方法织另一片。
4.袖片的织法。双罗纹起针法起52针，织12行花样A后换织花样C，同时在两按4-1-10，4行平坦方法各加10针，这时针数变为72针，然后再在两边按2-2-3，2-1-21方法各收掉27针，剩18针平针锁边。同样方法织另一袖片。
5.缝合。把织好的前片、后片、袖片缝合在起。
6.领片的织法。领片是双层领。沿领边挑92针（前片挑52针，后片挑40针），织12行花样A，然后对折缝合。

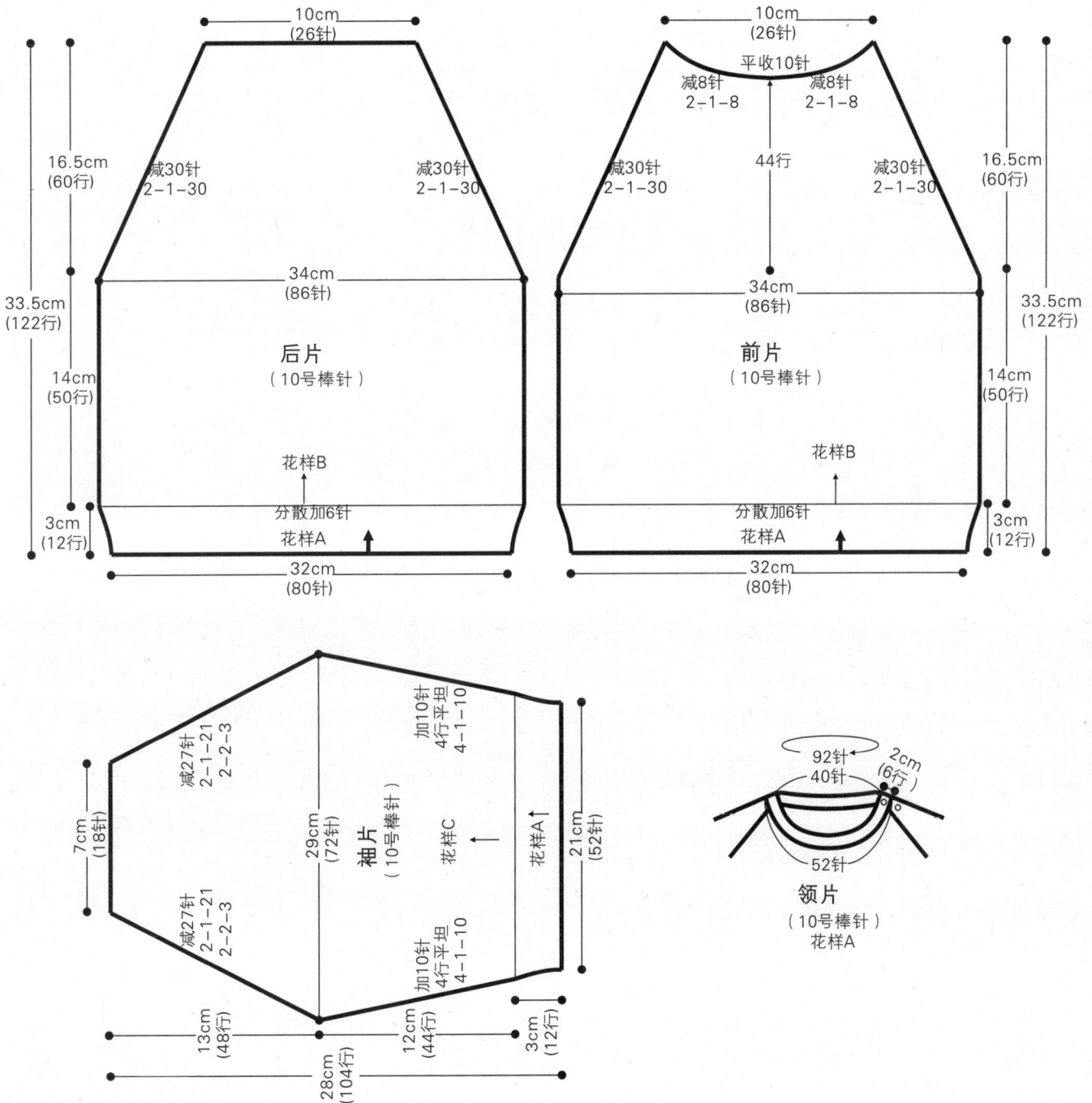

10cm
(26针)

减30针
2-1-30

后片
（10号棒针）

16.5cm
(60行)

33.5cm
(122行)

14cm
(50行)

34cm
(86针)

花样B

分散加6针
花样A

3cm
(12行)

32cm
(80针)

10cm
(26针)

平收10针

减8针
2-1-8

减8针
2-1-8

减30针
2-1-30

减30针
2-1-30

44行

前片
（10号棒针）

16.5cm
(60行)

33.5cm
(122行)

14cm
(50行)

34cm
(86针)

花样B

分散加6针
花样A

3cm
(12行)

32cm
(80针)

减27针
2-1-21
2-2-3

加10针
4行平坦
4-1-10

7cm
(18针)

29cm
(72针)

袖片
（10号棒针）

花样C

花样A

21cm
(52针)

减27针
2-1-21
2-2-3

加10针
4行平坦
4-1-10

13cm
(48行)

12cm
(44行)

3cm
(12行)

28cm
(104行)

92针
40针

2cm
(6行)

52针

领片
（10号棒针）
花样A

花样A(双罗纹)

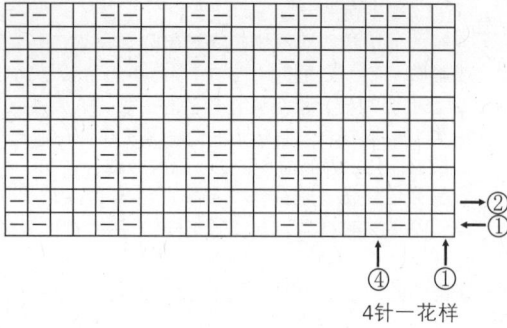

④4针一花样①

符号说明:

| □ | 上针 | | 左上3针并1针 |
| □ =□ | 下针 | | 左上2针和右下1上针交叉 |
| ㊀ | 扭针 | | 左上2针和右下2针交叉 |
| ⅃ | 1针变3针 | | |

2-1-3 行-针-次

↑ 编织方向

花样C
(袖片图解)

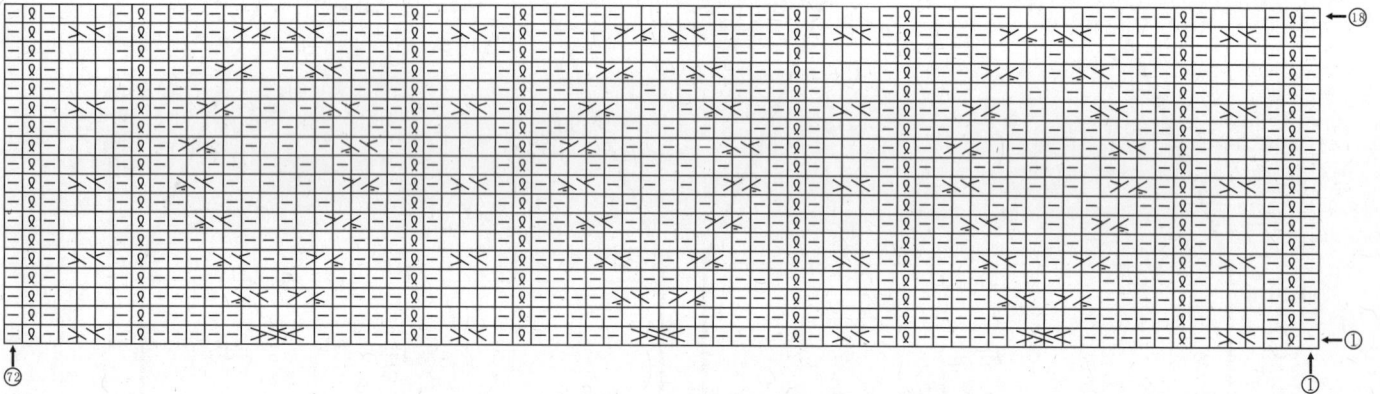

花样B　　　(前片图解)
　　　　　　(后片图解)

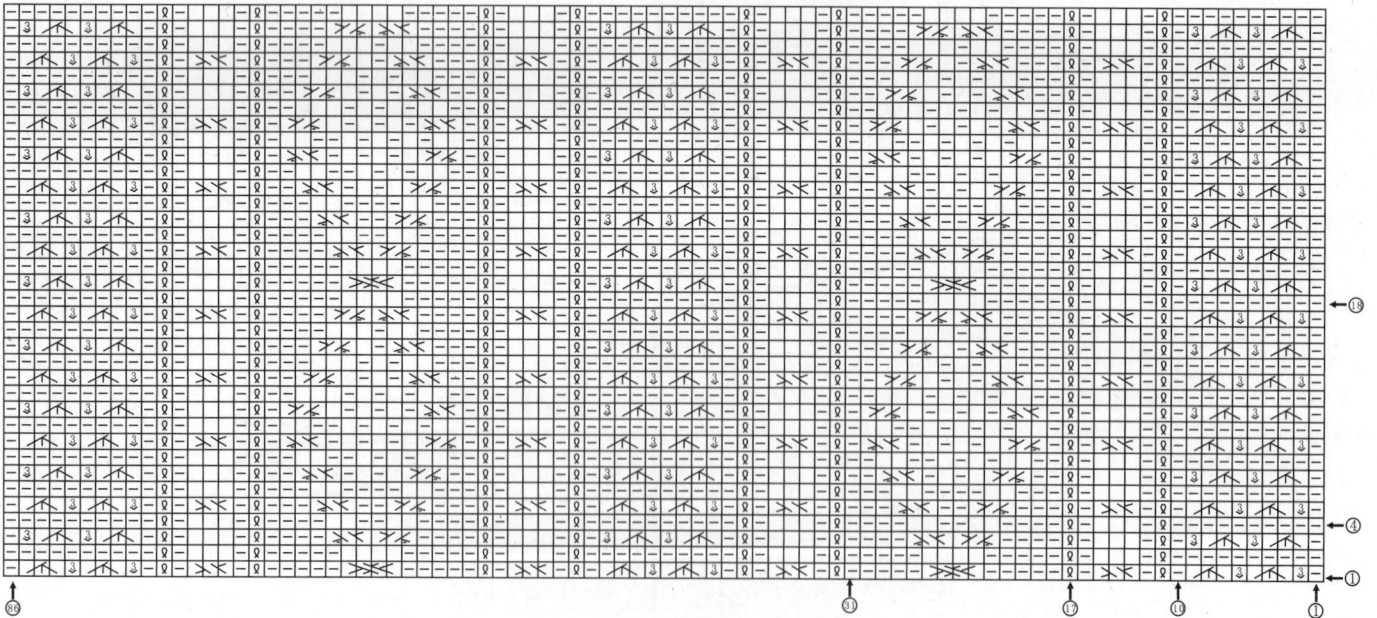

## 气质小披肩

【成品规格】 衣长32cm，胸宽36cm，袖长29cm

【工　　具】 8号棒针

【编织密度】 11针×22.7行=10cm²

【材　　料】 蓝白花色绒线300g

编织要点：

1.棒针编织法。由前片与后片和2个袖片组成。

2.前后片织法。

(1)前片的编织，下针起针法，起31针，起织花样B，并

依照结构图排好花，织22行后依照花样B减针，再织20行后至袖隆。然后袖隆减针，4-1-8，当衣襟边减完7针后，再将13针收针，然后2-1-2，织至最后余下1针，收针断线。相同的方法去编织另一边前片。

(2)后片起39针，依照花样C图解编织，织42行花样后，开始减袖隆，减针方法图解见花样C，织32行后，余下23针，收针断线。

3.缝合。用缝衣针把前后片肩部对应缝合好。

4.袖片织法。下针起针法，起27针，起织花样D，织34行的高度。下一行起，袖隆减针，两边4-1-8，织32行后，余下11针，收针断线。相同的方法再去编织另一个袖片。将两个袖山边线与衣身的袖隆边线对应缝合。再将袖侧缝缝合。

5.衣领的编织。将衣襟的花样A搓板针，共8针挑出继续织花样A，而在各衣领边，共挑针112针，起织花样E双罗纹针，织20行后，全部改织花样A，织8行后，收针断线。

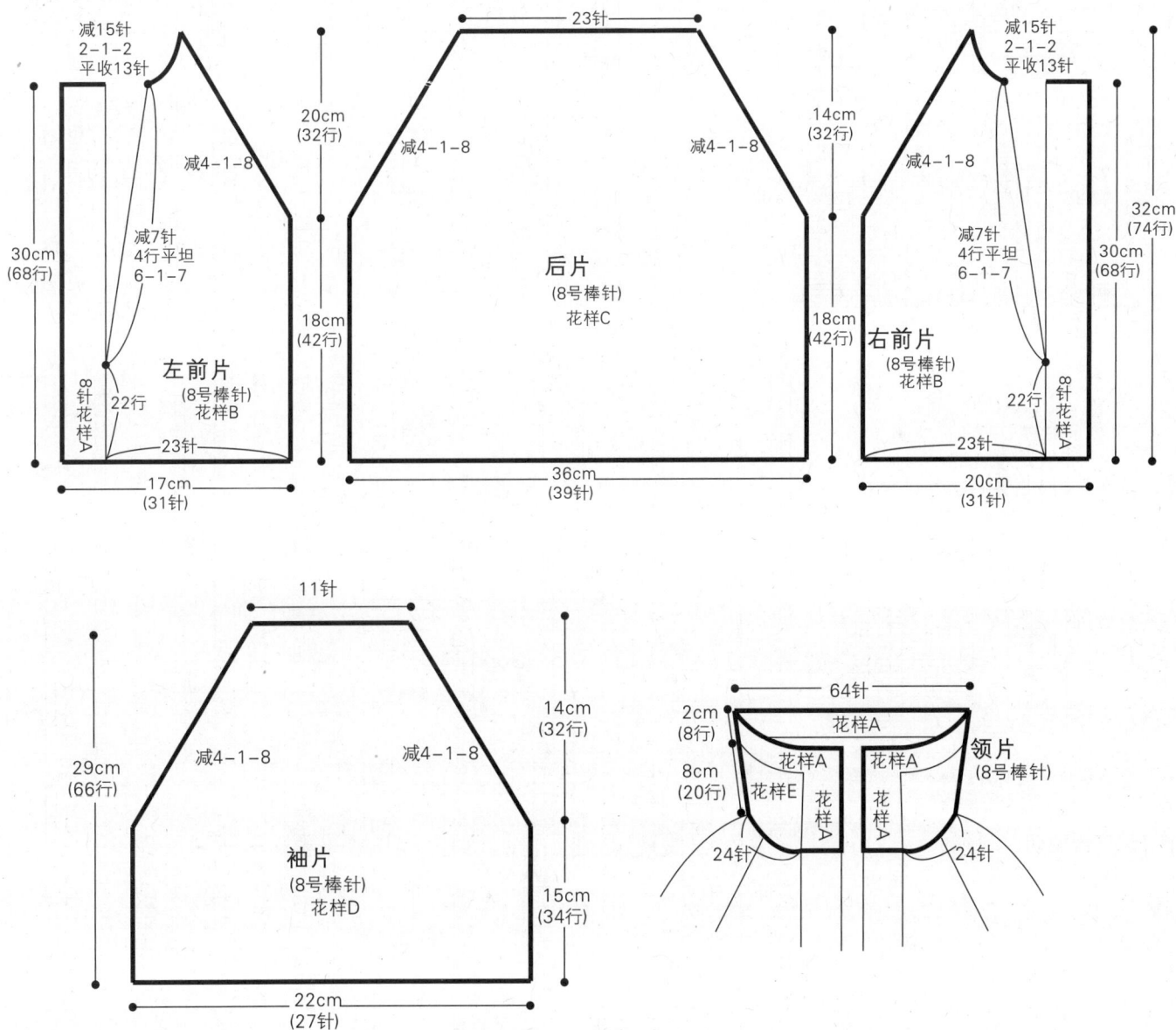

---

### 左前片

减15针
2-1-2
平收13针

减4-1-8

减7针
4行平坦
6-1-7

30cm
(68行)

20cm
(32行)

18cm
(42行)

8针花样A

22行

23针

**左前片**
(8号棒针)
花样B

17cm
(31针)

### 后片

23针

减4-1-8

**后片**
(8号棒针)
花样C

36cm
(39针)

### 右前片

减15针
2-1-2
平收13针

减4-1-8

减7针
4行平坦
6-1-7

14cm
(32行)

18cm
(42行)

32cm
(74行)

30cm
(68行)

8针花样A

22行

23针

**右前片**
(8号棒针)
花样B

20cm
(31针)

### 袖片

11针

减4-1-8　　减4-1-8

14cm
(32行)

15cm
(34行)

29cm
(66行)

**袖片**
(8号棒针)
花样D

22cm
(27针)

### 领片

64针

2cm
(8行)

8cm
(20行)

花样A

花样A　花样A

花样E　花样A　花样A　花样A

**领片**
(8号棒针)

24针　　24针

花样B

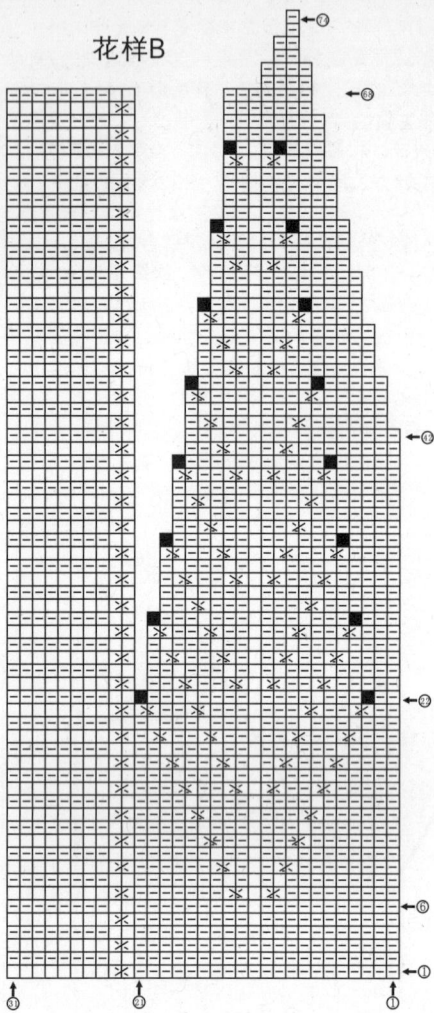

花样D

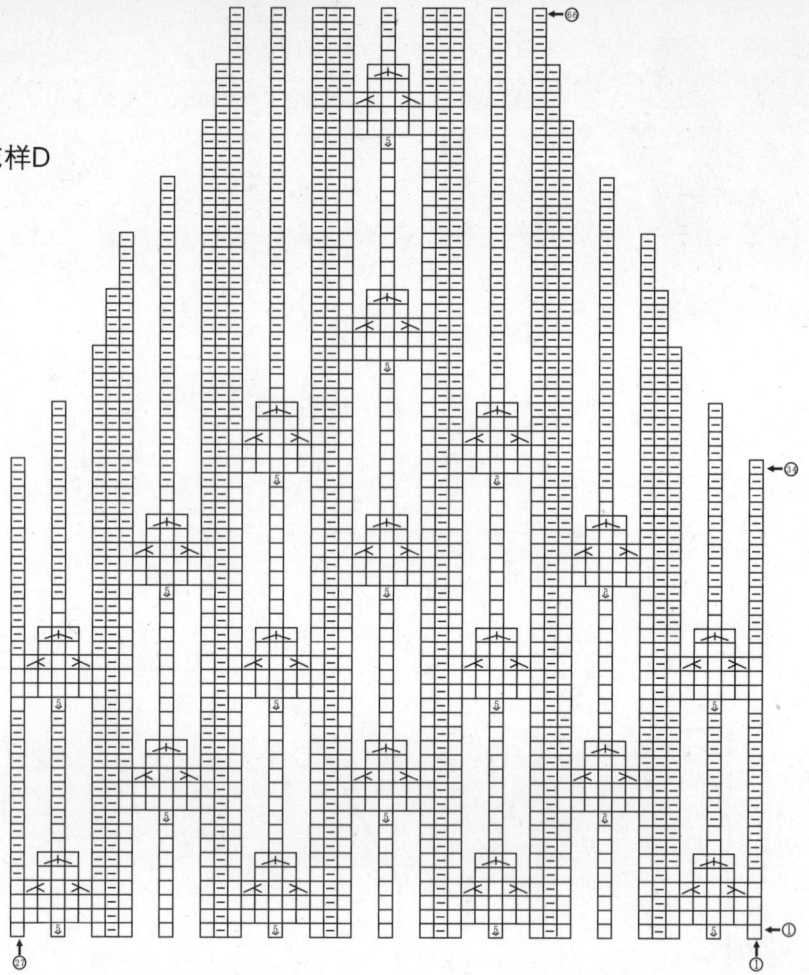

花样C

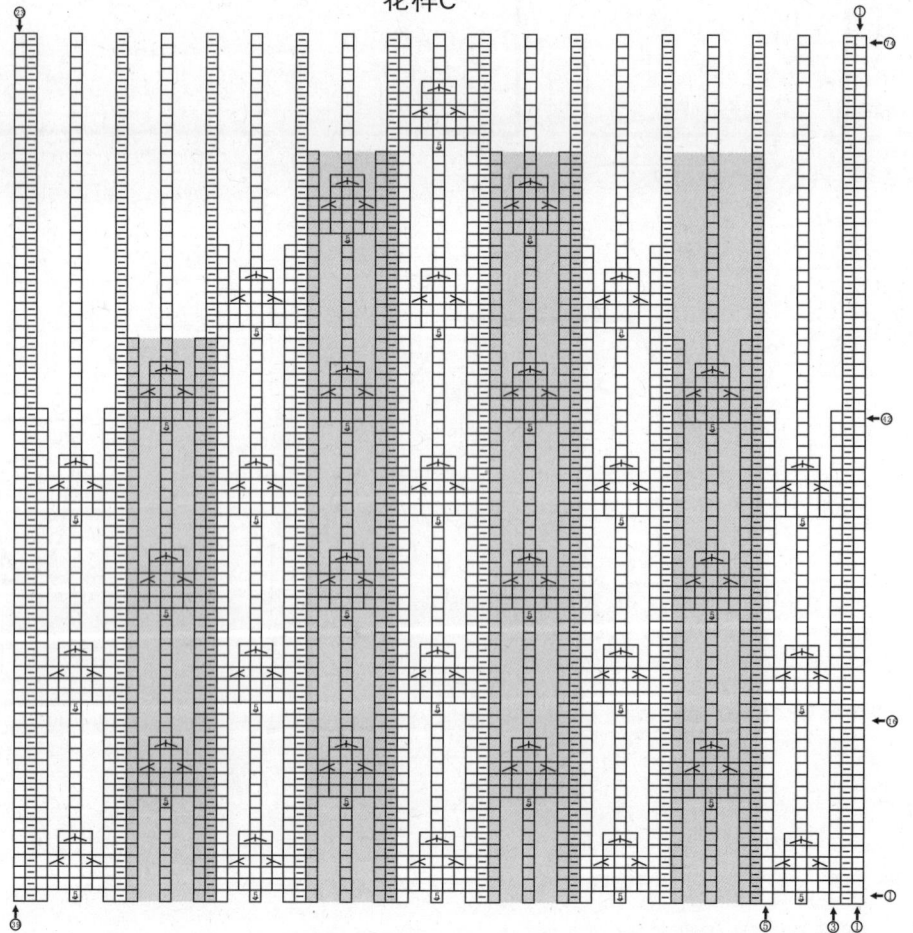

花样A(搓板针)

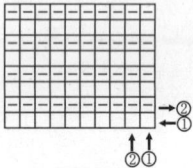

花样E(双罗纹)

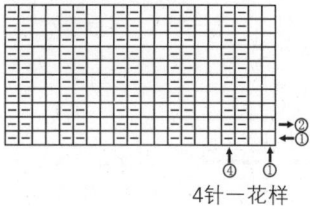

4针一花样

符号说明：

□ 上针

□=□ 下针

⊠ 左并针

⊠ 右并针

⊙ 镂空针

2-1-3 行-针-次

↑ 编织方向

**90**

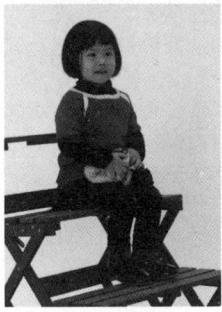

时尚插肩袖毛衣

【成品规格】 衣长32cm，胸宽30cm，袖长18cm

【工　　具】 10号棒针

【编织密度】 29针×42行=10cm²

【材　　料】 红色毛线300g，白色毛线50g

编织要点:

1.棒针编织法。
2.后片的织法。用红色毛线，平针起针法起87针，织6行花样A、78行上针后，在两边按平收4针，2-1-25方法各收掉29针，剩29针平针锁边。
3.前的织法。用红色毛线，平针起针法起87针，织6行花样A，78行上针，后在两边按平收4针，2-1-25方法各收掉29针。当上针织够124行后在中间平收21针，分左右两片编织。先织右片，在左边按2-2-2收4针。同样方法另一片。
4.袖片的织法。用红色毛线，平针起针法起59针，织6行花样A，18行上针（织上针的同时在两边按3-1-6方法各加6针，这时针数变为71针），后在两边按平收4针，2-1-25方法各收掉29针，剩13针平针锁边。同样方法织另一袖片。
5.缝合。先把前片、后片缝合到一起，然后用白色线沿左右袖窝各挑92针，织6行花样A，平针锁边。最后再把袖片缝合上。
6.领片的织法。沿领边挑110针（前片58针，后片52针），织8行花样A，平针锁边。

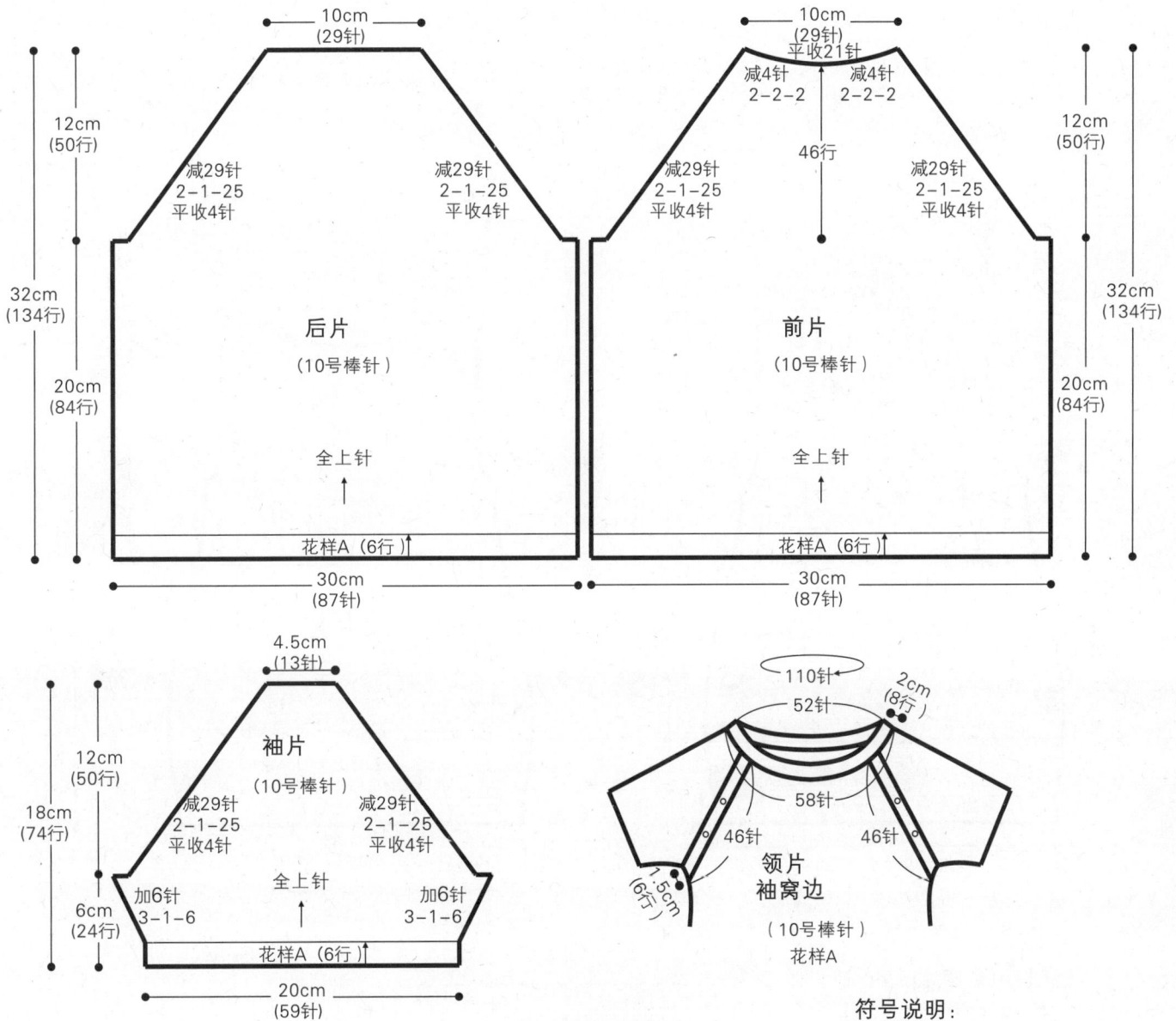

花样A(搓板针)

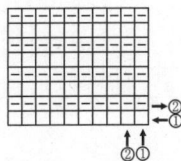

符号说明:

| □ | 上针 |
| □ =□ | 下针 |
| 2-1-3 | 行-针-次 |
| ↑ | 编织方向 |

韩版口袋装

**【成品规格】** 衣长42.5cm，胸宽25cm，肩宽23cm，袖长27cm

**【工　具】** 8号棒针

**【编织密度】** 20针×30.5行=10cm²

**【材　料】** 红色奶棉绒线600g，纽扣2枚

编织要点：

1.棒针编织法。由前片、后片和2个袖片组成。

2.前片与后片的编织。

(1)先织前片，单罗纹起针法，起64针，起织花样A单罗纹针，不加减针，织6行的高度，在最后一行里，分散加针，加26针，针数加成90针，下一行排花，两侧取12针织上针，中间66针依照花样B花样编织，起织时，两边上针进行减针编织，12-1-6，再织4行至袖窿。中间花样B织成40行后，下一行依照花样C，在上针花样上，各减少1针，减少8针，余下58针，依照花样C织18行，再到下一行，同时上针减针，减8针，依照花样D编织。织18行后，至袖窿，整个织片的针数余下62针。

(2)下一行起，袖窿减针，两边各收3针，然后2-1-3，当织成袖窿算起24行的高度时，下一行中间收针14针，两边减针，2-1-6，再织12行至肩部，余下12针，收针断线。

(3)后片的编织。袖窿以下的织法与前片完全相同，袖窿起减针与前片相同，当织成袖窿起44行的高度时，下一行中间收针22针，两边减针，2-1-2，织4行至肩部，余下12针，收针断线。

(4)前片织两个口袋装饰。口袋分两部分织成。一个由12针起织上针，两边加5针，2-1-5，加成22针，不加减针，织10行收针。上部分，起10针，织下针，织32行后，收针，将上部分的织片中间收紧扎紧，外面用1枚纽扣装饰。下侧与下部分织片缝合，然后将整个口袋的左右和下摆边与衣身前片缝合。

3.袖片的编织。单罗纹起针法，起36针，起织花样A，织6行后，在最后一行里，分中14针，针数加成50针，下一行起，排花，两边各取8针织上针，中间34针织花样E，花样E针数始终不变。在8针上针的外1针进行加减针，先加针，4-1-2，然后减针，10-1-4，再加针，4-1-6，再织6行后，织片织成58针的宽度，将所有的针数收针。相同的方法去编织另一个袖片。最后将衣身前后片的肩部对应缝合，再将侧缝缝合，最后将两个袖片的收针边与衣身袖窿边线缝合，再将袖侧缝缝合。

4.领片的编织。前衣领边挑54针，后衣领边挑30针，起织花样A，织10行后，收针断线。衣服完成。

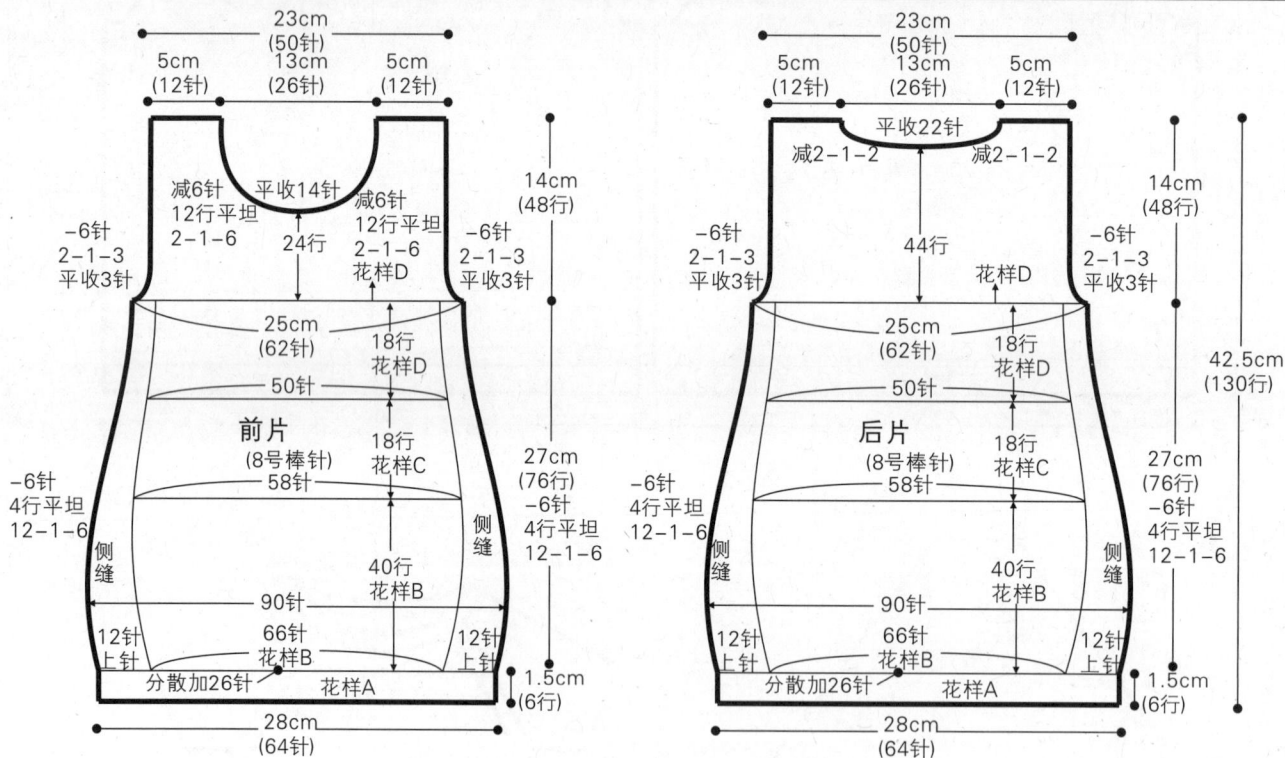

前片图：
23cm (50针)
5cm(12针)　13cm(26针)　5cm(12针)
14cm(48行)
减6针 12行平坦 2-1-6　平收14针　减6针 12行平坦 2-1-6 花样D
24行
-6针 2-1-3 平收3针　　-6针 2-1-3 平收3针
25cm(62针)　18行 花样D
50针
前片(8号棒针)
18行 花样C
58针
花样B 40行
-6针 4行平坦 12-1-6
侧缝
90针
12针 上针　66针 花样B　12针 上针
分散加26针　花样A
27cm(76行)　-6针 4行平坦 12-1-6
1.5cm(6行)
28cm(64针)

后片图：
23cm (50针)
5cm(12针)　13cm(26针)　5cm(12针)
平收22针
减2-1-2　减2-1-2
44行
花样D
-6针 2-1-3 平收3针　　-6针 2-1-3 平收3针
25cm(62针)　18行 花样D
50针
后片(8号棒针)
18行 花样C
58针
花样B 40行
-6针 4行平坦 12-1-6
侧缝
90针
12针 上针　66针 花样B　12针 上针
分散加26针　花样A
14cm(48行)
42.5cm(130行)
27cm(76行)　-6针 4行平坦 12-1-6
1.5cm(6行)
28cm(64针)

花样A(单罗纹)

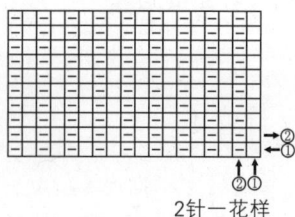

2针一花样

花样E

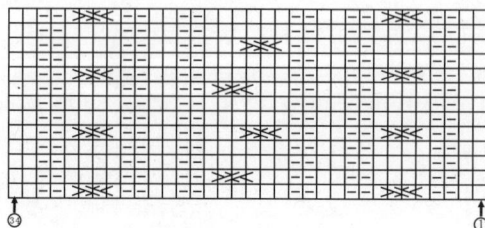

符号说明：

□ 上针

□=□ 下针

2-1-3 行-针-次

↑ 编织方向

⊠⊠⊠ 左上2针与右下2针交叉

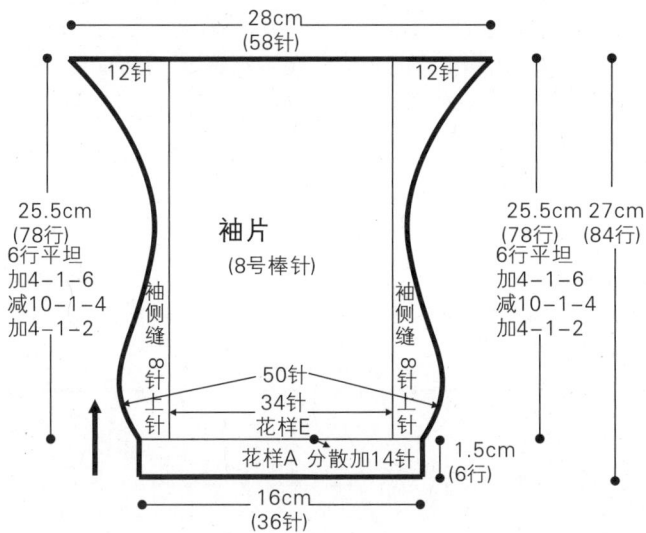

28cm
(58针)
12针　　　　　　12针

袖片
(8号棒针)

25.5cm
(78行)
6行平坦
加4-1-6
减10-1-4
加4-1-2

袖侧缝　8针
上针

袖侧缝　8针
上针

50针
34针
花样E

花样A 分散加14针

16cm
(36针)

1.5cm
(6行)

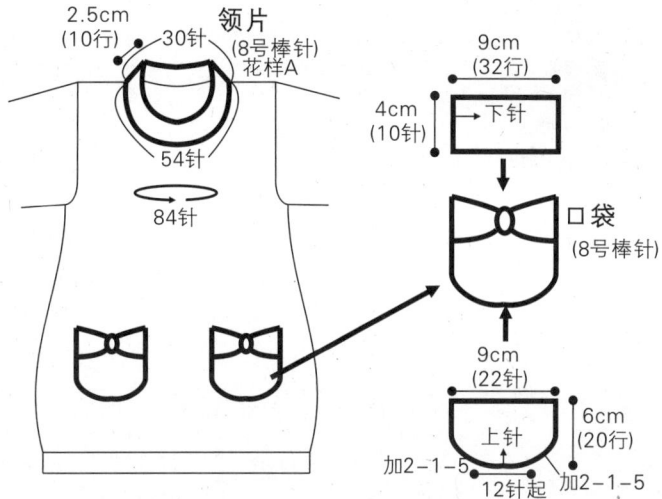

2.5cm
(10行)
30针
领片
(8号棒针)
花样A

54针

84针

25.5cm
(78行)
6行平坦
加4-1-6
减10-1-4
加4-1-2

27cm
(84行)

9cm
(32行)

4cm
(10针)

下针

口袋
(8号棒针)

9cm
(22针)

上针

6cm
(20行)

加2-1-5

12针起

加2-1-5

花样D

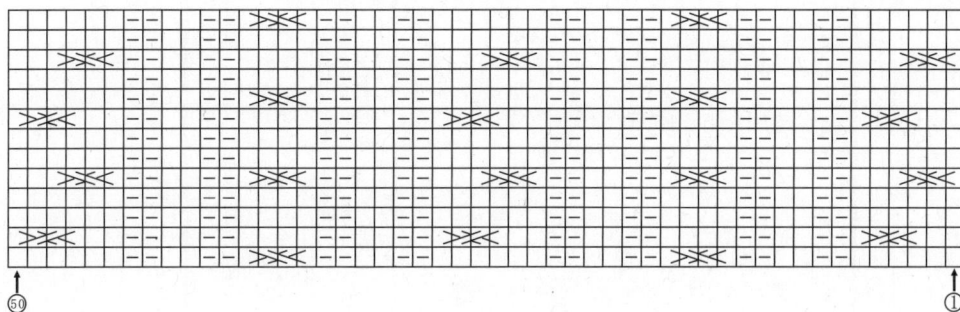

㊿　　　　　　　　　　　　　　　　　①

花样C

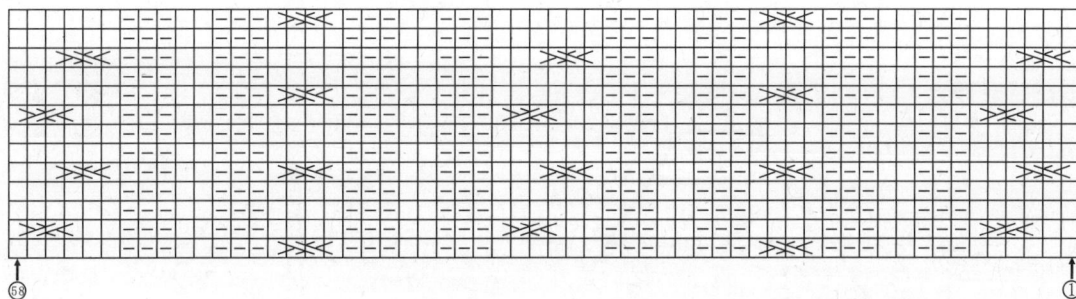

58　　　　　　　　　　　　　　　　　①

花样B

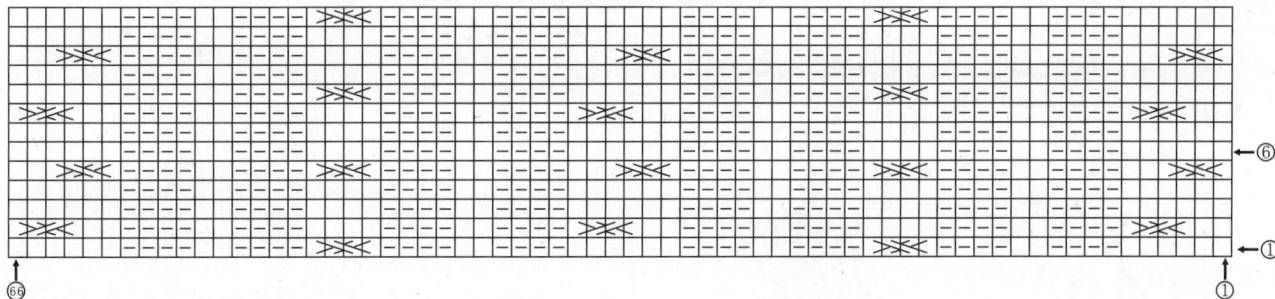

←⑥

←①

66　　　　　　　　　　　　　　　　　①

小球球套头装

【成品规格】 衣长37cm，胸宽34cm，袖长16cm

【工　具】 10号棒针

【编织密度】 30针×45行＝10cm²

【材　料】 灰色毛线400g，深紫毛线100g

编织要点:

1.棒针编织法。

2.后片的织法。用灰色毛线，平针起针法起102针，织10行下针1行上针后织10行花样A，然后对折作为底边。继续织102行下针，后开始在左右两边按平收6针，4-2-14各收34针，剩34针平针锁边。

3.前片的织法。用灰色毛线，平针起针法起102针，织10行下针1行上针后织10行花样A，然后对折作为底边。继续织102行下针，后开始在左右两边按平收6针，4-2-14各收34针，下针织够146行后在中间平收10针，开始分两片编织。先织右片，在左边按1-1-12收完剩余的12针。同样方法另一片。

4.袖片的织法。用灰色毛线，平针起针法起84针，织10行下针1行上针后织花样A，然后对折作为底边。继续织20行下针。下针织够20行后开始在左右两边按平收6针，4-2-14各收34针，下针织够20行换织花样30行花样B，最后再织12行下针，剩16针平针锁边。

5.缝合。用缝衣针把前片、后处、袖片缝合到一起。

6.领片的织法。沿领边挑118针（前片64针，后片54针），织10行花样C，单罗纹锁边，在后领片的中间剩13针不锁，继续织花样C，同时在两边按4行平坦，8-2-6各收12针，剩最后1针锁边。

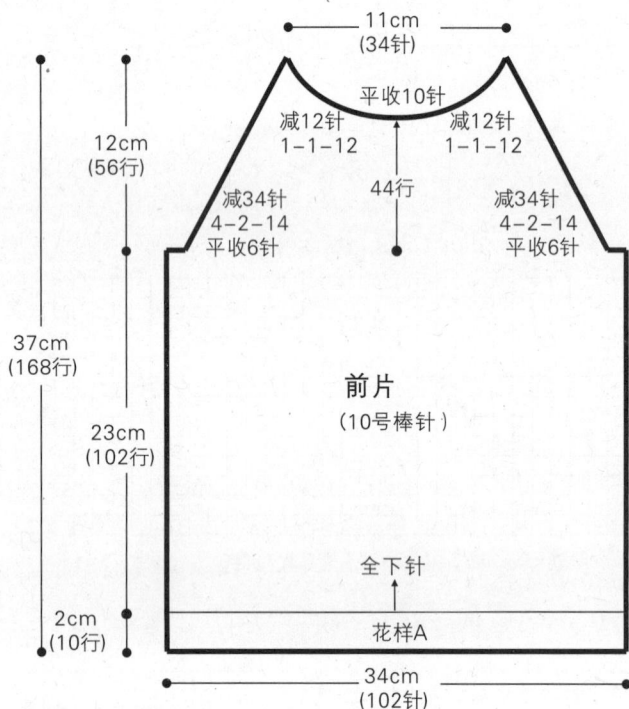

前片
（10号棒针）

11cm
（34针）

平收10针

减12针
1-1-12

减12针
1-1-12

44行

减34针
4-2-14
平收6针

减34针
4-2-14
平收6针

12cm
（56行）

37cm
（168行）

23cm
（102行）

2cm
（10行）

全下针

花样A

34cm
（102针）

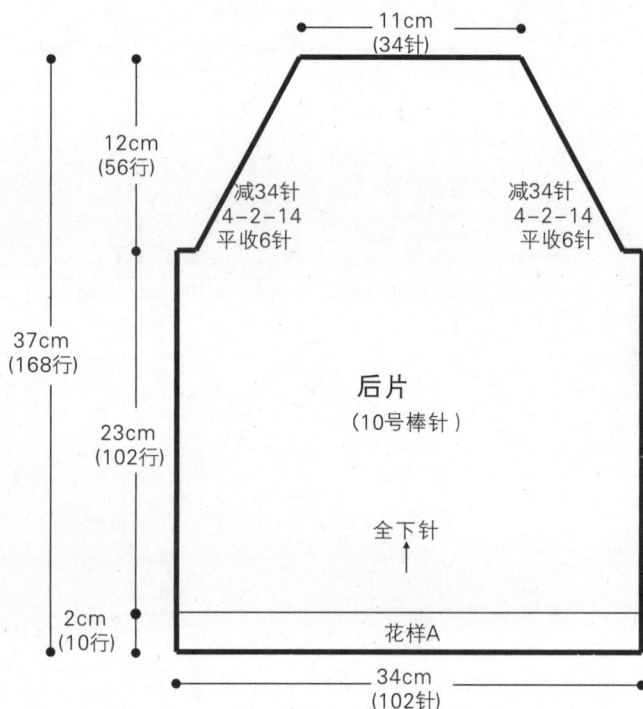

后片
（10号棒针）

11cm
（34针）

减34针
4-2-14
平收6针

减34针
4-2-14
平收6针

12cm
（56行）

37cm
（168行）

23cm
（102行）

2cm
（10行）

全下针

花样A

34cm
（102针）

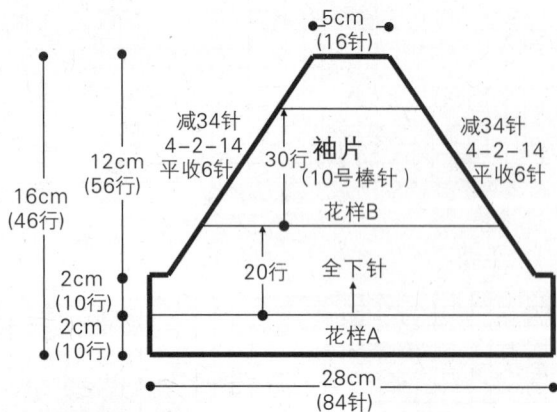

袖片
（10号棒针）

5cm
（16针）

减34针
4-2-14
平收6针

减34针
4-2-14
平收6针

30

花样B

12cm
（56行）

16cm
（46行）

2cm
（10行）

2cm
（10行）

20行

全下针

花样A

28cm
（84针）

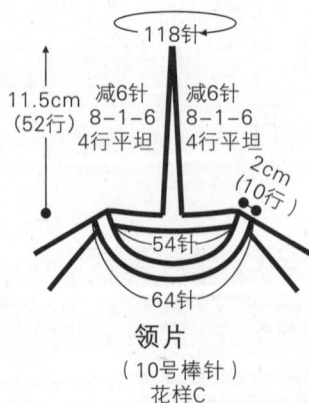

118针

减6针
8-1-6
4行平坦

减6针
8-1-6
4行平坦

11.5cm
（52行）

2cm
（10行）

54针

64针

领片
（10号棒针）
花样C

符号说明:

□ 上针

□ =□ 下针

■ 灰色线

■ 深紫色线

2-1-3 行-针-次

↑ 编织方向

花样C(单罗纹)

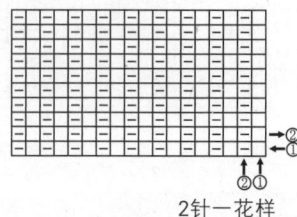

2针一花样

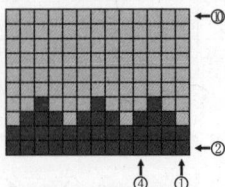

花样A

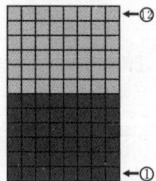

花样B

## 彩色连帽外套

【成品规格】 衣长43cm，下摆宽48cm，连肩袖长39cm

【工　　具】 10号棒针，绣花针

【编织密度】 20针×28行＝10cm²

【材　　料】 段染羊毛线400g，纽扣3枚

### 编织要点:

1. 毛衣用棒针编织，由2片前片、1片后片、2片袖片组成，从下往上编织。

2. 先编织前片。

(1) 左前片。用下针起针法，起52针，织12行花样B后，改织全下针，其中门襟留8针继续织花样B，并均匀开眼，侧缝不用加减针，织48行时用打皱褶的方式减针，剩下32针与门襟8针一起继续编织，并改织花样A，织16行至插肩袖窿。

(2) 袖窿以上的编织。袖窿减20针，方法是每2行减2针减10次。织44行至顶部余20针，不用收针待用。

(3) 同样方法编织右前片。

3. 编织后片。

(1)用下针起针法，起96针，织12行花样B后，改织全下针，侧缝不用加减针，织48行时用打皱褶的方式减针，剩下64针改织花样C，继续编织16行至插肩袖窿。

(2) 袖窿以上的编织。两边袖窿减20针，方法是每4行减2针减10次。领窝不用减针，余24针，不用收针待用。

4. 编织袖片。用下针起针法，起44针，织12行花样B后，改织全下针，两边袖下加针，方法是每8行加1针加6次，织至54行开始插肩减针，并改织花样C，方法是每4行减2针减10次，至肩部余16针，不用收针待用。同样方法编织另一袖。

5. 缝合。将前片的侧缝与后片的侧缝对应缝合。袖片的袖下分别缝合，袖片的插肩部与衣片的插肩部缝合。

6. 帽子编织。把前后和2个袖片的顶部留针，共96针合并编织，织68行花样C，在两边平收38针余20针，继续编织至48行，然后A与B缝合，C与D缝合，形成帽子。

7. 装饰。缝上纽扣，编织完成。

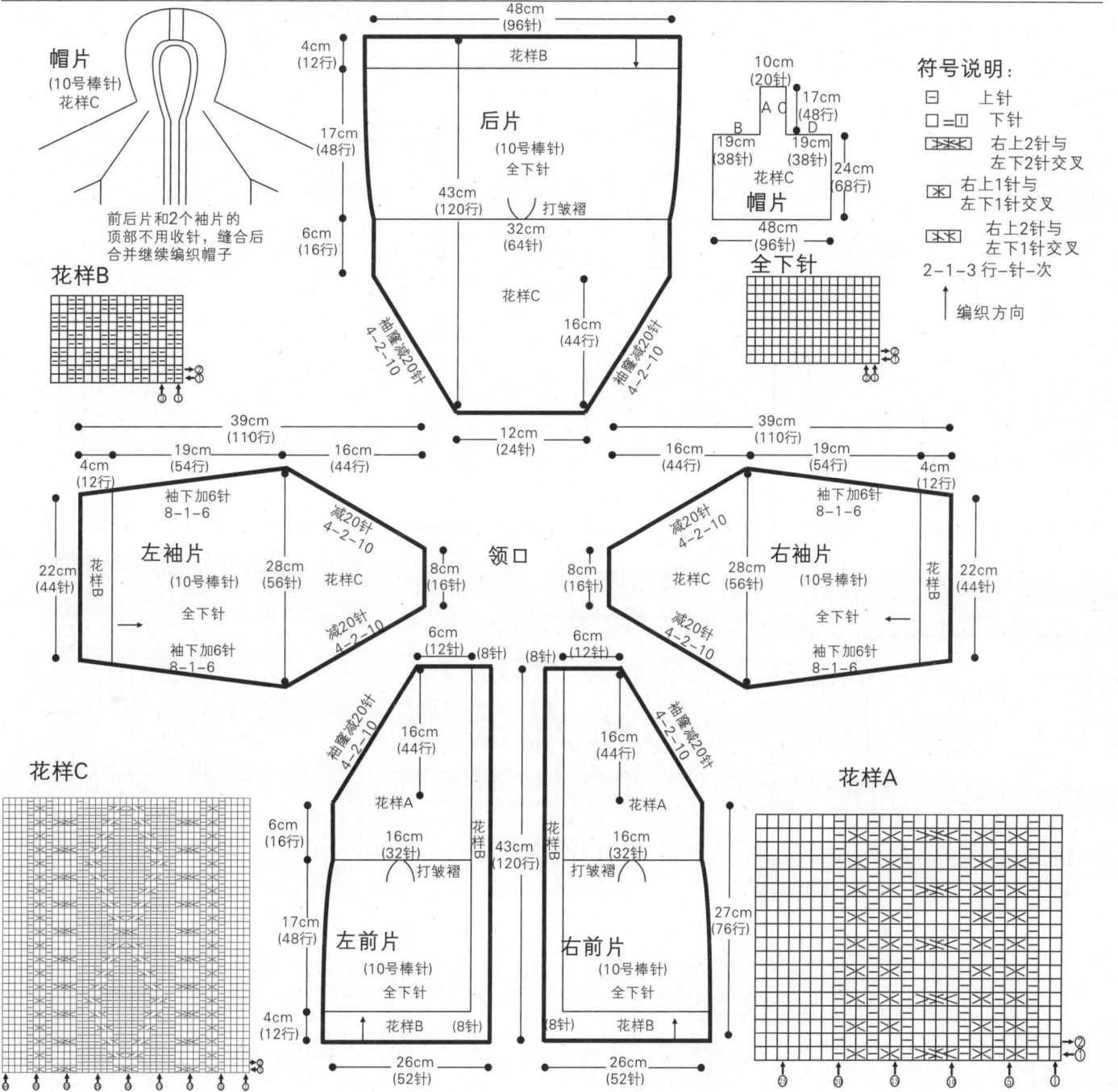

---

**帽片**
(10号棒针)
花样C

前后片和2个袖片的顶部不用收针，缝合后合并继续编织帽子

**花样B**

**后片**
(10号棒针)
全下针

48cm (96针) 花样B
4cm (12行)
17cm (48行)
43cm (120行)
6cm (16行)
32cm (64针) 打皱褶
花样C
16cm (44行)
袖窿减20针 4-2-10
12cm (24针)

**帽片**
10cm (20针)
17cm (48行)
B A C
19cm (38针) 19cm (38针)
D
24cm (68行)
花样C
48cm (96针)

**全下针**

**符号说明:**
- 口　上针
- 口=口　下针
- 右上2针与左下2针交叉
- 右上1针与左下1针交叉
- 右上2针与左下1针交叉
- 2-1-3行-针-次
- ↑ 编织方向

**左袖片**
(10号棒针)
全下针
39cm (110行)
19cm (54针) 16cm (44针)
4cm (12行)
袖下加6针 8-1-6
减20针 4-2-10
花样B
22cm (44针)
28cm (56针) 花样C
袖下加6针 8-1-6
减20针 4-2-10
8cm (16针)

**领口**

**右袖片**
(10号棒针)
全下针
39cm (110行)
16cm (44针) 19cm (54针)
4cm (12行)
减20针 4-2-10
袖下加6针 8-1-6
花样C 28cm (56针)
花样B 22cm (44针)
减20针 4-2-10
袖下加6针 8-1-6
8cm (16针)

**花样C**

**左前片**
(10号棒针)
全下针
袖窿减20针 4-2-10
6cm (12针) 8针
16cm (44行)
花样A
6cm (16行)
16cm (32针)
花样B
43cm (120行)
打皱褶
17cm (48行)
4cm (12行)
花样B (8针)
26cm (52针)

**右前片**
(10号棒针)
全下针
8针 6cm (12针)
袖窿减20针 4-2-10
16cm (44行)
花样A
花样B
16cm (32针)
43cm (120行)
打皱褶
8针 花样B
26cm (52针)

**花样A**
27cm (76行)

95

## V领小开衫

【成品规格】 衣长34cm，下摆宽30cm，袖长

【工　　具】 10号棒针，缝衣针

【编织密度】 24针×36行=10cm²

【材　　料】 蓝色羊毛线400g，深蓝色、红色线少许，纽扣4枚

编织要点：

1. 毛衣用棒针编织，由2片前片、1片后片、2片袖片组成，从下往上编织。

2. 先编织前片。分右前片和左前片编织。

(1) 右前片，用机器边起针法起36针，先织12行单罗纹，并配色，然后改织花样A，侧缝不用加减针，织至48行至袖隆。

(2) 袖隆以上的编织。右侧袖隆平收6针后，不加不减平织42行至袖隆。

(3) 袖隆平收的同时，进行领窝减针，方法是每4行减2针减2次，每4行减1针减8次，至肩部余18针。

(4) 相同的方法，相反的方向编织左前片。

3. 编织后片。

(1) 用机器边起针法，起72针，先织12行单罗纹，并配色，然后改织全下针，侧缝不用加减针，织48行至袖隆。

(2)袖隆以上编织。袖隆开始减针，方法与前片袖隆一样。

(3) 同时织至从袖隆算起36行时，开后领窝，中间平收18针，两边各减3针，方法是每2行减1针减3次，织至两边肩部余18针。

4. 编织袖片。从袖口织起，用机器边起针法，起40针，先织10行单罗纹，并配色，然后改织全下针，袖侧缝两边加8针，方法是每8行加1针加8次，编织78行至袖隆后余56针，收针断线。同样方法编织另一袖片。

5. 缝合。将前片的侧缝与后片的侧缝对应缝合，前后片的肩部对应缝合，再将两袖片的袖下缝合后，袖山边线与衣身的袖隆边对应缝合。

6. 领子至门襟编织。领子至两边门襟挑230针，织8行单罗纹，左边门襟均匀地开眼。

7. 用缝衣针缝上纽扣。前片装饰片另织，起20针，织花样B，两边加2针，织18行，两边减2针，中间平收8针，与两边的6针继续织12行，缝合到右前片下方。衣服编织完成。

---

8cm (18针)　5cm (12针)　　5cm (12针)　8cm (18针)

14cm (42行)

领窝 减12针 4-2-2 4-1-8　　领窝 减12针 4-2-2 4-1-8

14cm (42行)

平收6针　　平收6针

**右前片** (10号棒针) 花样A　　**左前片** (10号棒针) 花样A

16cm (48行)

34cm (102行)

16cm (48行)

4cm (12行) 单罗纹　　单罗纹　　4cm (12行)

15cm (36针)　　15cm (36针)

26cm (60针)

8cm (18针)　10cm (24针)　8cm (18针)

平收18针

领窝 减3针 2-1-3　　领窝 减3针 2-1-3

12cm (36行)

平收6针　　平收6针

**后片** (10号棒针)

全下针

4cm (12行) 单罗纹

30cm (72针)

---

23cm (56针)

**袖片** (10号棒针)

加8针 8-1-8　　加8针 8-1-8

全下针

26cm (78行)　29cm (88行)

单罗纹

3cm (10行)

17cm (40针)

---

(42针)　(8行)

(94针)　(94针)

**领圈至门襟** 挑230针织8行单罗纹左门襟均匀地开扣眼　　**领片至门襟** (10号棒针) 单罗纹

(8行)　(8行)

(6针)　(6针)

两边各减2针 2-1-2　两边各加2针 2-1-2

**装饰片 花样B**

(8行)　12行　18行

(20针)

**全下针**

**花样A**

**单罗纹**

**花样B**

符号说明：

□ 上针

□=□ 下针

↑ 编织方向

⧗ 左上4针与右下4针交叉

2-1-3 行-针-次

编织方向

韩版配色V领毛衣

**【成品规格】** 衣长32.5cm，胸宽28cm，肩宽22cm，袖长8cm

**【工　　具】** 12号棒针

**【编织密度】** 35针×51行=10cm²

**【材　　料】** 红色毛线200g，白色毛线100g

编织要点：

1.棒针编织法。

2.后片的织法。平针起针法起117针，织24行下针对折作为下摆边，再织10行下针后织56行花样A、16行下针（第102行织成花样B）后在两边按4-2-5方法各收10针，再继续织56行在中间平收41针，分两片编织。先织右片，在左边按2-1-4方法收4针，剩14针平针锁边。同样方法织另一片。

3.前片的织法。平针起针法起117针，织24行下针对折作为下摆边，再织10行下针后织56行花样A、16行下针（第102行织成花样B）分2片编织，左片56针，右片41针。先织左片，在左边按4-2-5方法收10针，在右边按2-1-32方法收32针，剩14针平针锁边。再织右片，沿左片内侧挑15针，这时由41针也变为56针，然后再同样的方法织完右片。

4.袖片的织法。双罗纹起针法起88针织12行花样C、30行下针，平针锁边。

5.缝合。把织好的前片和后片缝好到一起。袖片缝合成泡泡袖形状。

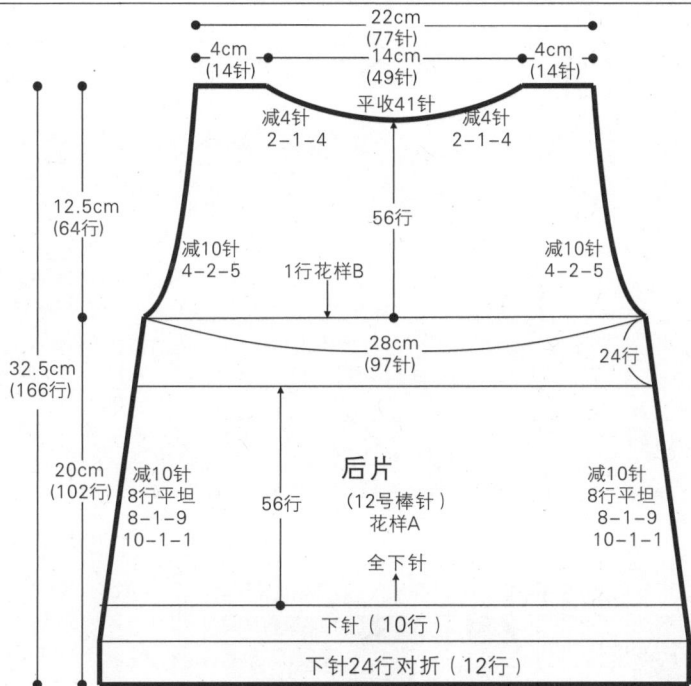

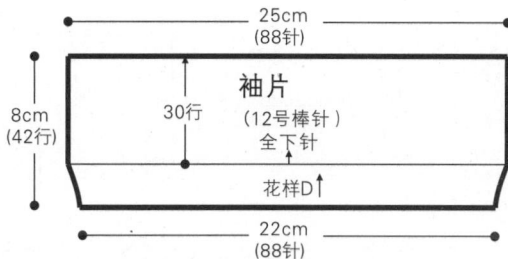

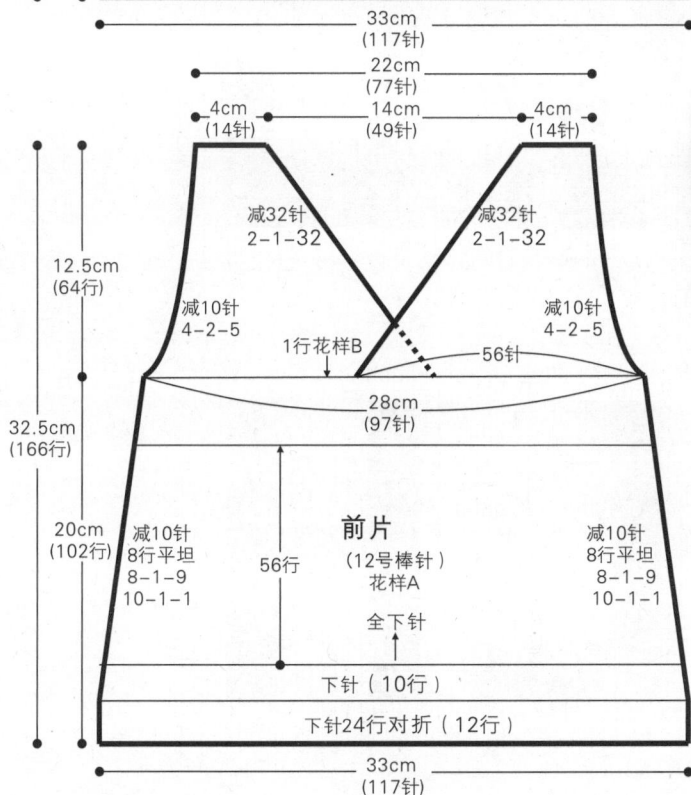

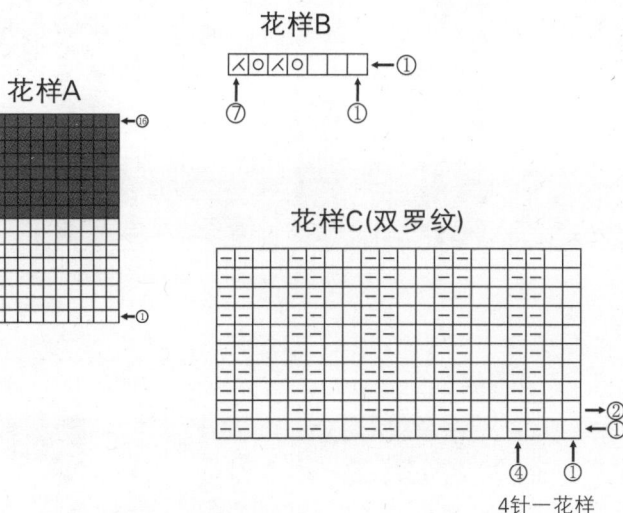

后片图示：
22cm（77针）
4cm（14针） 14cm（49针） 4cm（14针）
平收41针
减4针 2-1-4
减4针 2-1-4
56行
12.5cm（64行）
减10针 4-2-5
减10针 4-2-5
1行花样B
28cm（97针）
24行
减10针 8行平坦 8-1-9 10-1-1
减10针 8行平坦 8-1-9 10-1-1
56行
**后片**（12号棒针）花样A
全下针
下针（10行）
下针24行对折（12行）
33cm（117针）
32.5cm（166行）
20cm（102行）

袖片图示：
25cm（88针）
**袖片**（12号棒针）全下针
30行
8cm（42行）
花样D↑
22cm（88针）

泡泡袖

前片图示：
22cm（77针）
4cm（14针） 14cm（49针） 4cm（14针）
减32针 2-1-32
减32针 2-1-32
12.5cm（64行）
减10针 4-2-5
减10针 4-2-5
1行花样B
56针
28cm（97针）
减10针 8行平坦 8-1-9 10-1-1
减10针 8行平坦 8-1-9 10-1-1
56行
**前片**（12号棒针）花样A
全下针
下针（10行）
下针24行对折（12行）
33cm（117针）
32.5cm（166行）
20cm（102行）

花样A

花样B

花样C（双罗纹）

4针一花样

符号说明：

□ 上针　　　 ☒ 左上1针并1针

□=⊡ 下针　　 ◉ 右并针

2-1-3 行-针-次　 ■ 红色线

↑ 编织方向　　 □ 白色线

97

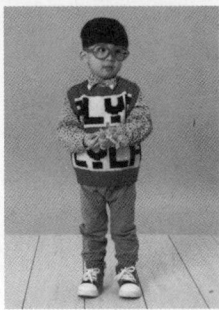

配色无袖背心

【成品规格】 衣长35cm，胸围60cm，肩宽24cm

【工 具】 13号、14号棒针

【编织密度】 28针×36行=10cm²

【材 料】 红色毛线200g，黑色毛线100g，白色毛线100g

编织要点：

1.前片，用14号棒针、红色线起84针织双罗纹4cm，换13号棒针织花样A，36行后换红线织28行下针，开挂，继续往上织花样B，花样B结束，按图解开前领。

2.后片，用14号棒针、红色线起84针织双罗纹4cm，换13号棒针织下针。后领按照后片图解编织。

3.前后衣片缝合后，用14号棒针挑领边，用红色线织双罗纹，按图解编织。

4.整理熨烫。

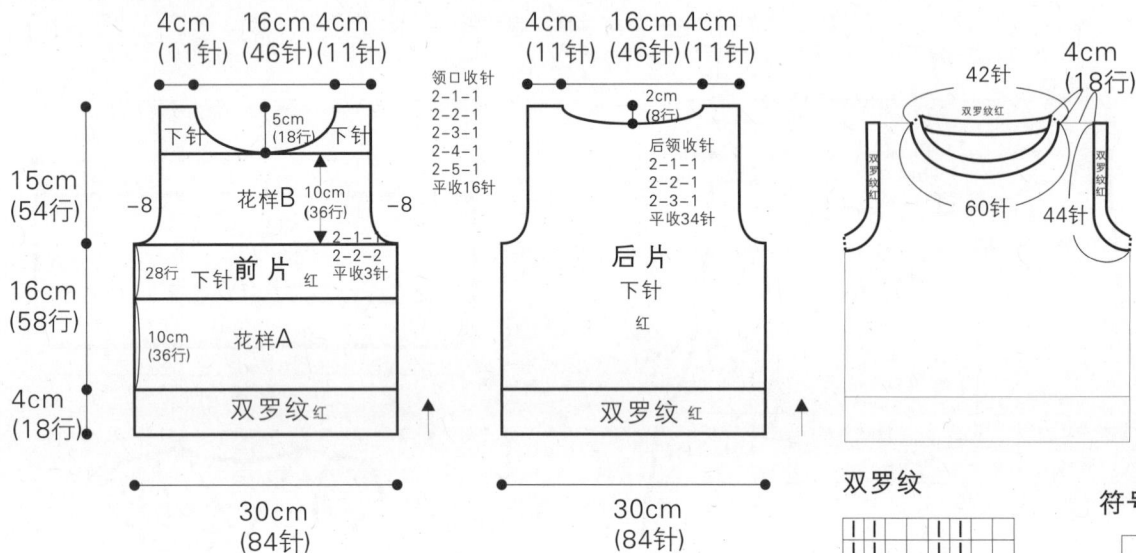

双罗纹

符号说明：

| Ｉ | 下针 |

| | 上针 |

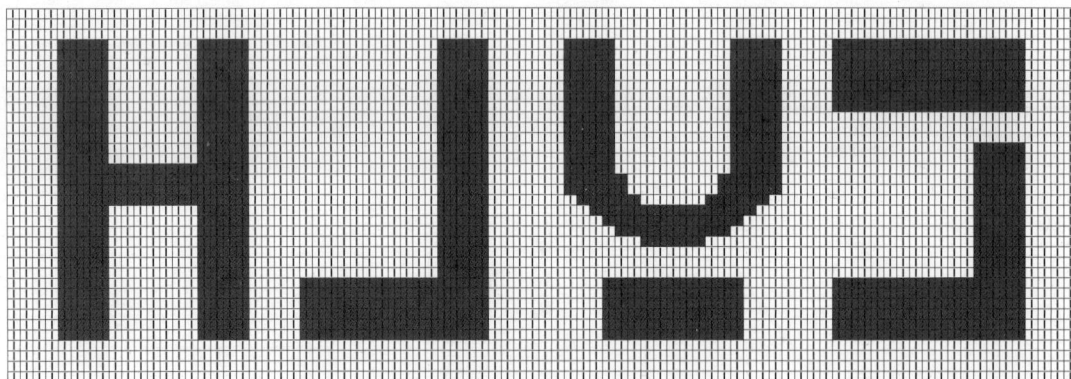

花样B

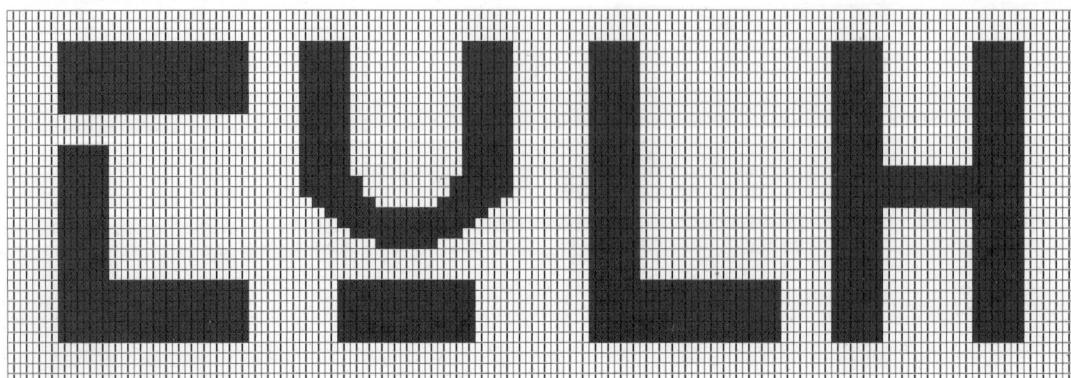

花样A

| Ｉ | 白色 |

| ■ | 黑色 |

日式小清新开衫

【成品规格】 衣长31.5cm，胸宽32cm，肩宽
20cm，袖长21cm

【工　　具】 10号棒针

【编织密度】 20针×28行=10cm²

【材　　料】 绿色奶棉绒线400g，白色线少许

编织要点:

1. 棒针编织法。
2. 前后片的织法。前后身片一起由下往上织。平针起针法起163针，织52行花样A，后开始分前后片，由右向左依次为：右前片30针，平收2针，后片65针、平收2针、

左前片30针。先织左前片，全部换织花样B（在第1行花样B时分散收2针，此时针数为28针）。织花样B22行后在右边按平收6针，2-1-6，2行平坦收12针，剩16针平针锁边，同样方法织右前片。再织后片，全部换织花样B（在第1行花样B时分散收5针，此时针数为60针）。织32行花样B，开始在中间平收24针，分2片编织。先左后片，在右边按2-1-2 2针，剩16针平针锁边。同样方法织后右片。
3. 袖片的织法。平针起针法起39针，织60行花样C，同时在两边12行平坦，6-1-8各加8针，最后针数变为55针，平针锁边。同样方法 织另一袖片。
4. 缝合。用缝衣针把身片和袖片缝合好。
5. 领襟的织法。沿领襟边挑184针（后领窝挑32针、左右前领窝各挑22针，左右门襟各挑54针）织4行花样。
6. 钩边。用白色线沿领襟和下摆边钩花样E一圈。沿左右袖边钩花样E一圈。

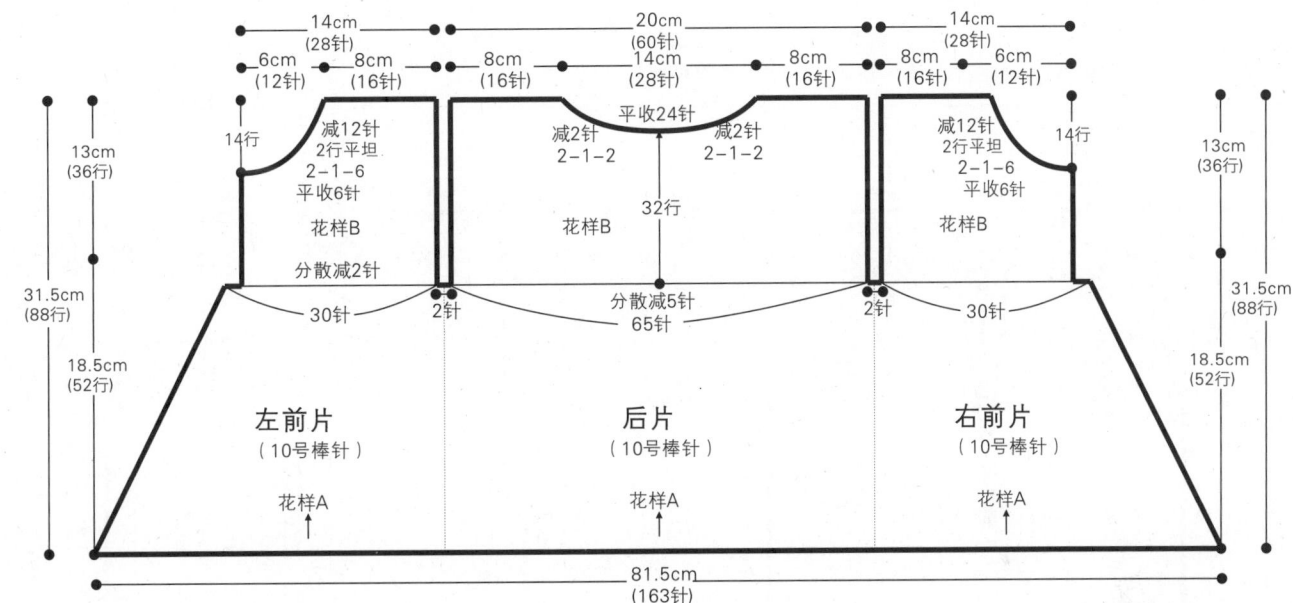

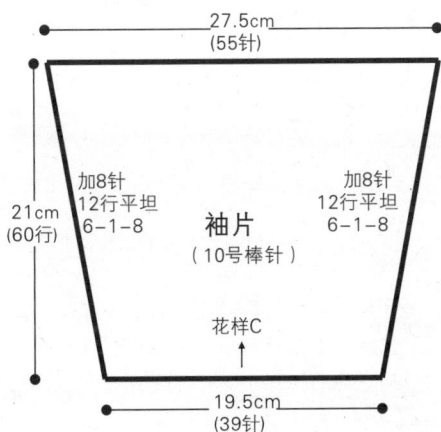

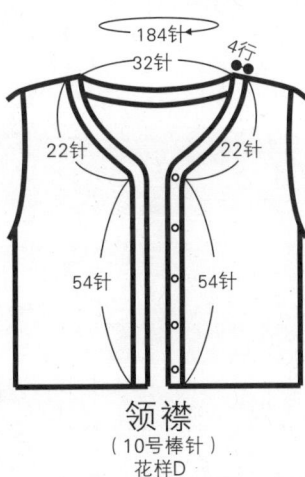

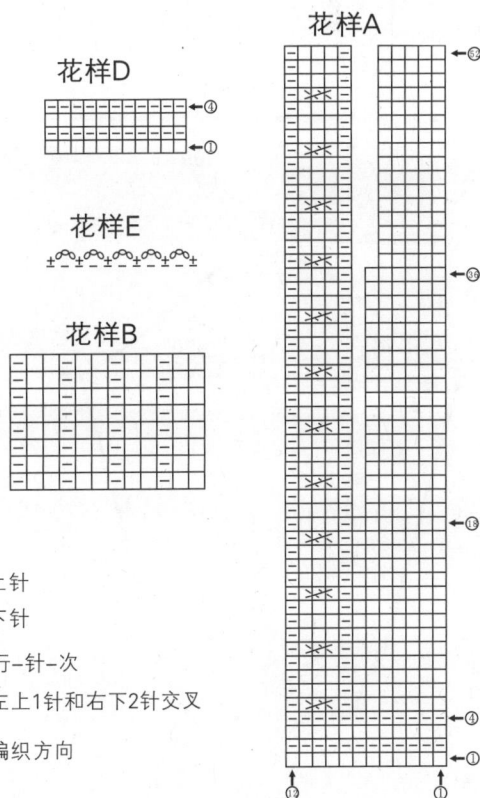

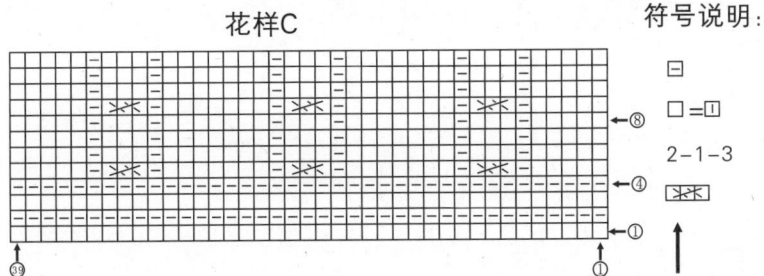

### 左前片
（10号棒针）
花样A

### 后片
（10号棒针）
花样A

### 右前片
（10号棒针）
花样A

### 袖片
（10号棒针）
花样C

### 领襟
（10号棒针）
花样D

### 花样D

### 花样E

### 花样B

### 花样A

### 花样C

### 符号说明：

| □ | 上针 |
| □ =｜ | 下针 |
| 2-1-3 | 行-针-次 |
| 図 | 左上1针和右下2针交叉 |
| ↑ | 编织方向 |

军绿色男孩装

【成品规格】 衣长46cm，胸宽38cm，肩宽36cm，袖长42cm

【工　　具】 10号棒针

【编织密度】 21针×30行=10cm²

【材　　料】 草绿色羊毛线400g

编织要点：

1. 棒针编织法，由前片1片、后片1片、袖片2片组成，从下往上织起。再编织衣襟。

2. 前片的编织，单罗纹起针法，起99针，花样A起织，不加减针编织20行。下一行起改织花样B，不加减针编织70行至袖隆。下一行起，两侧同时减针，收针6针，然后2-1-6，织12行，减12针，不加减针编织42行。两侧减针的同时从中间进行衣领分针，一次性从中间位置挑针9针，左右分片编织，不加减针编织38行。下一行两侧同时进行衣领减针，收针9针，然后相反方向2-

2-3，2-1-5，织16行，减20针，余下21针，收针断线。

3. 后片的编织，一片织成。单罗纹起针法，起100针，花样A起织，不加减针编织20行。下一行起，改织46针下针+8针花样C+46针下针。不加减针编织70行至袖隆。下一行起，两侧同时进行减针，收针6针，然后2-1-6，织12行，减12针。不加减针编织42行;其中自织成袖隆算起50行高度，下一行进行衣领减针，从中间收针30针，两侧相反方法减针，2-1-2，织4行，减2针，余下21针，收针断线。

4. 袖片的编织，一片织成。单罗纹起针法，起48针，花样A起织，不加减针编织20行。下一行起，改织20针下针+8针花样C+20针下针。两侧同时加针，6-1-12，织72行，加12针。不加减针编织4行高度后共72针。下一行起，两侧同时减针，收针6针，然后1-1-26，织26行，减32针，余下8针，收针断线。用相同方法编织另一袖片。

5. 拼接，将前后片侧缝对应缝合，将袖片侧缝与衣身侧缝对应缝合。

6. 领片的编织，于领片位置从左右前片各挑针27针，后片挑针44针共98针，花样A起织，不加减针编织12行，收针断线，衣服完成。

---

10cm
(21针)　　　　10cm
(21针)

减21针
2-1-5
2-2-3
平收10针

17cm
(54行)

减12针
2-1-6
平收6针　　　　38行　　　　减12针
2-1-6
平收6针

10针
38cm
(99针)

46cm
(144行)

前片
(10号棒针)

23cm
(70行)

花样B

6cm
(20行)　　　花样A

30cm
(99针)

---

36cm
(76针)

10cm
(21针)　　16cm
(34针)　　10cm
(21针)

减2-1-2　　平收30针　　减2-1-2

17cm
(54行)

减12针
2-1-6
平收6针　　　　50行　　　　减12针
2-1-6
平收6针

46cm
(144行)

后片
(10号棒针)

23cm
(70行)

8针花样C

46针下针　　　　　　46针下针

6cm
(20行)　　　花样A

30cm
(100针)

---

余8针

减32针
1-1-26
平收6针　　　减32针
1-1-26
平收6针　　　11cm
(26行)

38cm
(72针)

袖片
(10号棒针)　　　　　　　　42cm

加12针
4行平坦
6-1-12
20针
下针　　8针花样C　　加12针
4行平坦
6-1-12
20针
下针　　　25cm
(122行)

花样A　　　76行

6cm
(20行)

14cm
(48针)

---

98针

44针　　　3.5cm
(12行)

27针　　27针

领片
(10号棒针)
花样A

符号说明：

　□　　上针　　　　☒　左并针
　□ = □　下针　　　☒　右并针
　2-1-3　行-针-次　　□　镂空针

　↑　　编织方向

花样A(单罗纹)

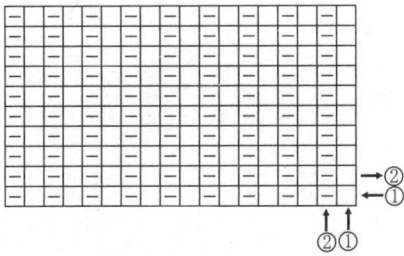

②①
②①

2针一花样

花样C

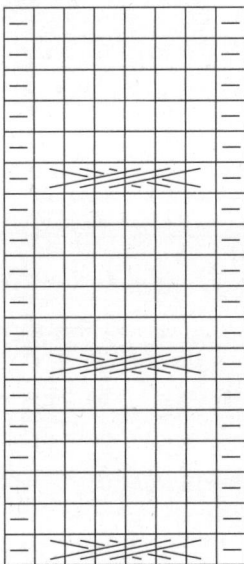

花样B

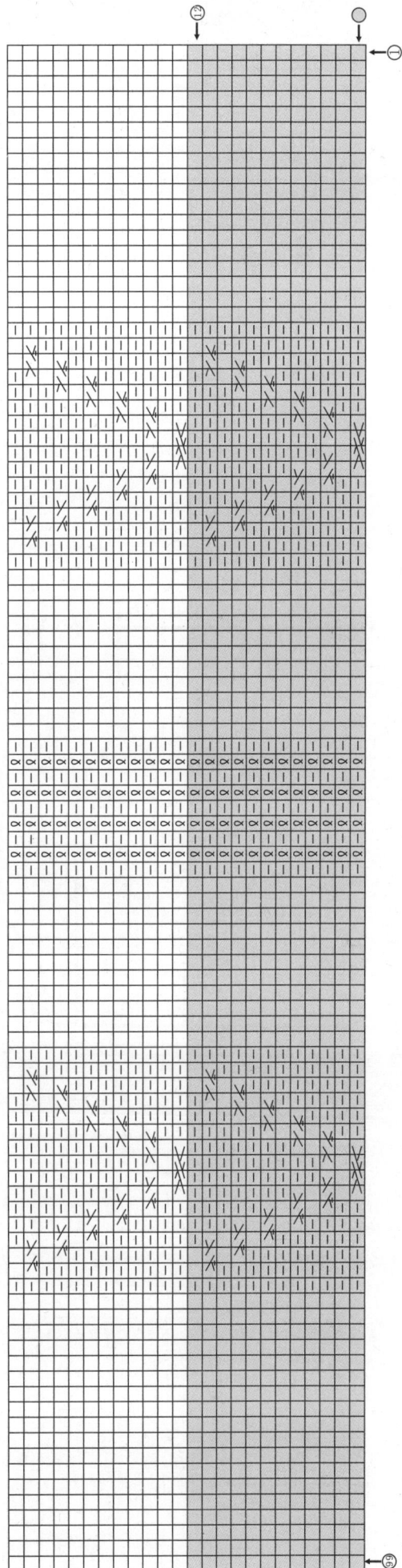

深绿色翻领毛衣

【成品规格】 衣长40cm，胸宽32cm，肩宽24cm，
袖长34cm

【工　　具】 10号棒针

【编织密度】 20针×26行=10cm²

【材　　料】 绿色兔毛线350g

编织要点：

1.棒针编织法。由前片、后片、2个袖片和领片组成。
衣身从下往上织，袖片从上往下织。

2.前片的编织。

(1)下针起针法，起68针，起织花样A搓板针，不加减
针，织14行的高度。下一行改织下针，不加减针，织
42行的高度，然后改织花样A搓板针，织14行后，至袖
隆。

(2)下一行起袖隆减针，2-1-8，当织成袖隆算起10行
的高度时。下一行将织片一分为二，分为两半各自编
织。袖隆继续减针，减6行后，针数余下26针，不加减

针，再织36行后至肩部，肩部收针16针，中间的10针用别
针扣住不织。

3.后片的编织。袖隆以下后片的织法与前片相同，袖隆起两
侧减针，方法与前片相同。当织成袖隆算起48行的高度后，
下一行中间留16针不织，但不收针，两侧减针，2-1-2，至
肩部余下16针，收针断线。

4.缝合。将前后片的肩部对应缝合。再将侧缝对应缝合。

5.领片的编织。将领部未收针的针数移到棒针上，后片在
两侧收针边各挑4针，领片针数一共44针，起织花样A搓板针，
不加减针，织36行的高度后，收针断线。

6.袖片的编织。从肩部起织。起32针，起织下针，两侧加
针，2-1-10，加成52针，织高20行。下一行起两侧开始减
针，10-1-6，织成60行高后，改织花样A搓板针，不加减
针，织14行的高度后，收针断线。相同的方法去编织另一个
袖片。将袖山边线与衣身的袖隆边线对应缝合。再将袖侧缝
对应缝合。

7.口袋的编织。口袋单独编织。再将之缝合于前片下针花样
部分。起织38针，两侧各选4针织花样A搓板针，中间30针
织下针，并在下针两边的1针上进行减针，织4行后开始减
针，4-1-7，织成32行的高度后，针数减少为24针，收针断
线。然后缝合。衣服完成。

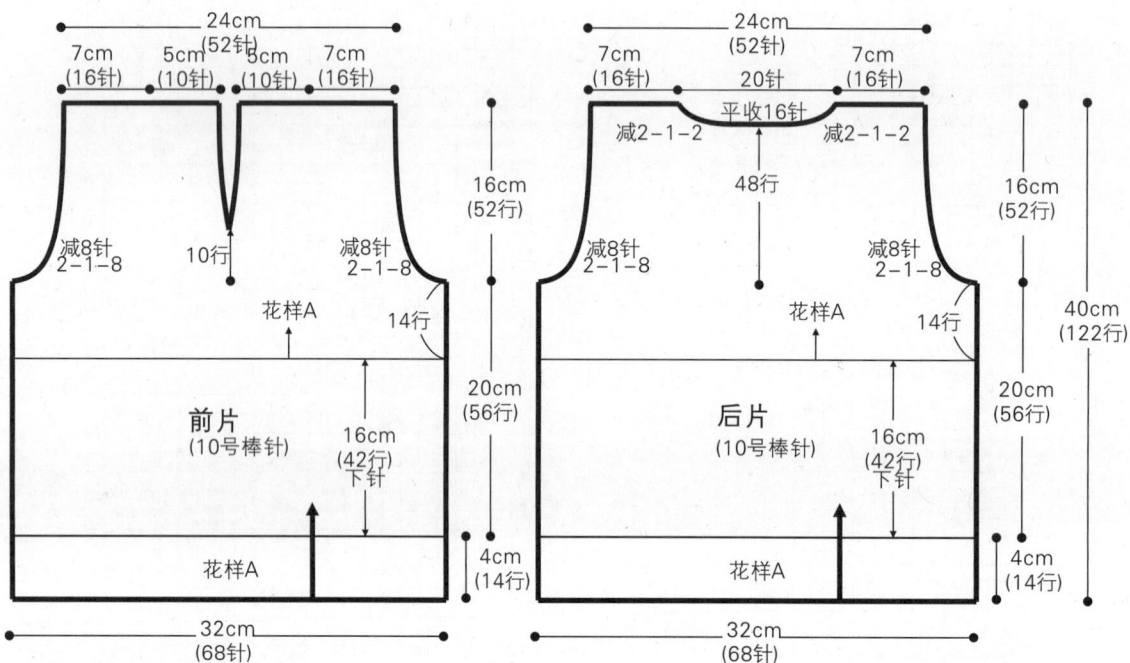

前片
(10号棒针)

24cm
(52针)
7cm(16针) 5cm(10针) 5cm(10针) 7cm(16针)
10行
减8针 2-1-8
减8针 2-1-8
花样A
14行
16cm(52行)
20cm(56行)
16cm(42行) 下针
花样A
4cm(14行)
32cm(68针)

后片
(10号棒针)

24cm
(52针)
7cm(16针) 20针 7cm(16针)
平收16针
减2-1-2 减2-1-2
48行
减8针 2-1-8
减8针 2-1-8
花样A
14行
16cm(52行)
20cm(56行)
16cm(42行) 下针
花样A
4cm(14行)
40cm(122行)
32cm(68针)

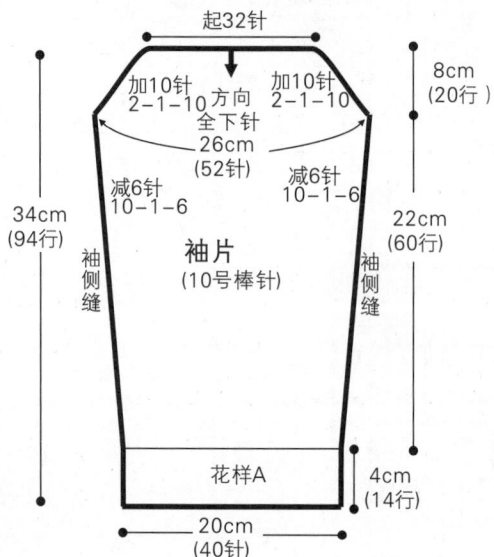

袖片
(10号棒针)

起32针
加10针 2-1-10 方向
加10针 2-1-10
全下针
26cm(52针)
减6针 10-1-6
减6针 10-1-6
8cm(20行)
22cm(60行)
34cm(94行)
袖侧缝
袖侧缝
花样A
20cm(40针)
4cm(14行)

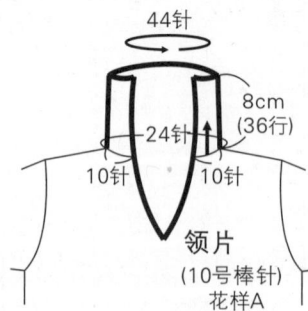

44针
8cm(36行)
24针
10针 10针
领片
(10号棒针)
花样A

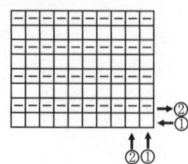

花样A(搓板针)

符号说明：

□ 上针

□=□ 下针

2-1-3 行-针-次

↑ 编织方向

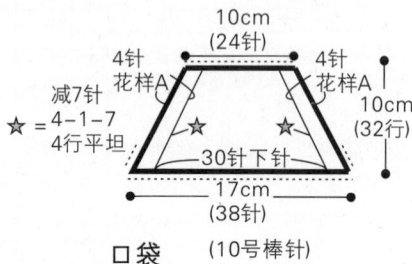

10cm(24针)
4针 花样A
4针 花样A
减7针 4-1-7
4行平坦
30针下针
10cm(32行)
17cm(38针)
□袋 (10号棒针)

★ =4-1-7
4行平坦

102

复古小花毛衣

**【成品规格】** 衣长38.5cm，胸宽40cm，肩宽34cm，袖长33cm

**【工　具】** 10号棒针

**【编织密度】** 22针×33行=10cm²

**【材　料】** 白色中粗毛线400g，紫色线100g

编织要点：

1.棒针编织法。
2.后片的织法。单罗纹起针法起92针，织16行花样A、58行花样B，开始在两边各平收8针，再继续织46行花样B，后在中间平收28针，分左右2片编织，先织右片，

在左边按2-1-3方法收3针，剩21针，平针锁边。最后按花样C绣花。
3.前片的织法。分左前和右前片，先织右前片，单罗纹起针法起44针，织16行花样A、58行花样B，开始在右边平收8针，再继续织34行花样B后，在左边按平收6针，2-1-9方法收15针，剩21针，平针锁边。用同样方法织左前片。最后按花样C绣花。
4.袖片的织法。平针起针法起72针，织花样B，并在两边按10行平织，6-1-14方法在两边各减14针，后再织16行花样A，单罗纹锁边。
5.用缝衣针把身片和袖片缝合好。
6.领边的织法。如图示沿领边共挑92针，织8行花样A，单罗纹锁边。
7.门襟的织法。沿右门襟边挑122针，织10行花样A，单罗纹锁边。用同样方法挑织左门襟。

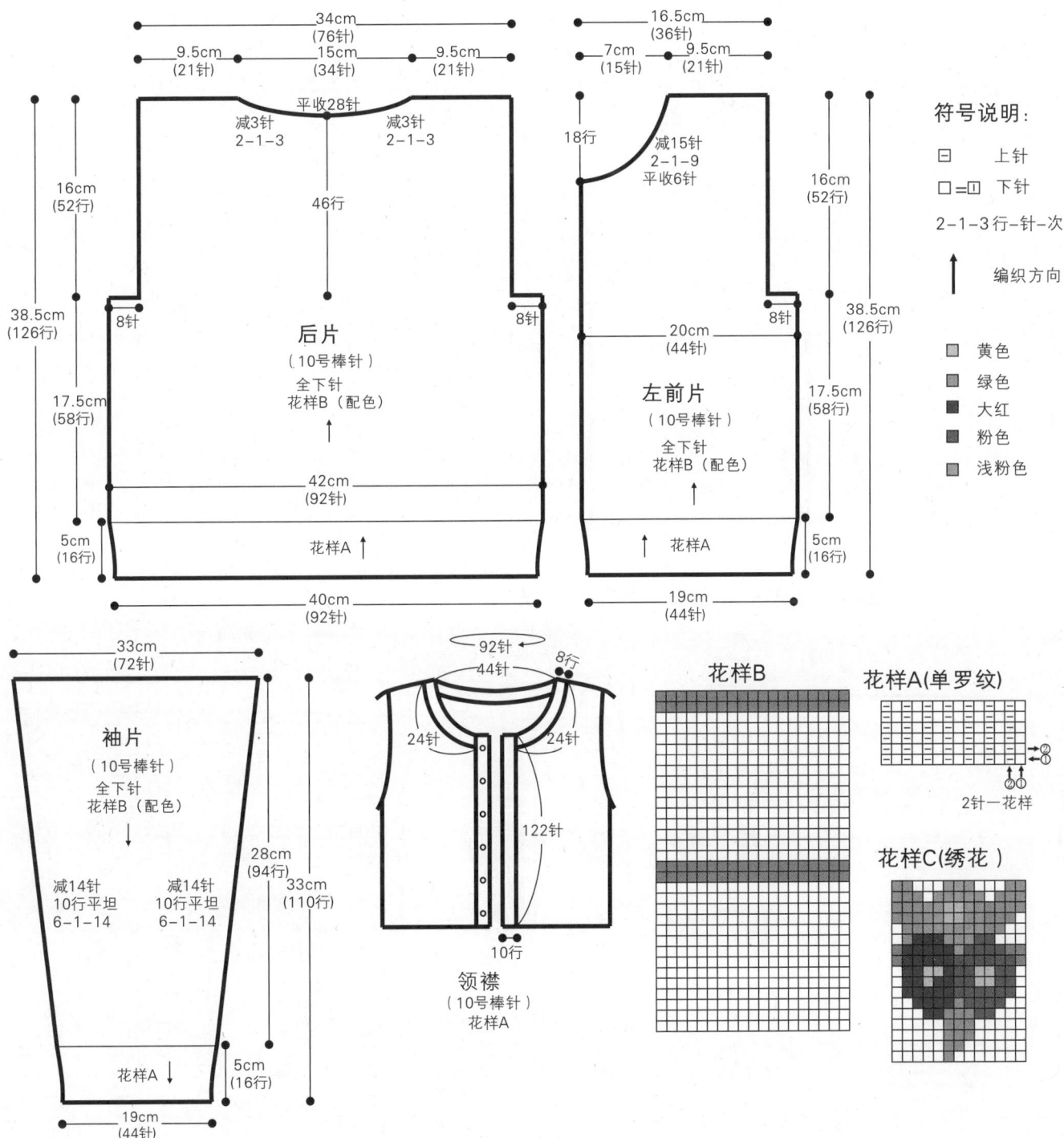

**后片**
（10号棒针）
全下针
花样B（配色）

34cm（76针）
9.5cm（21针）　15cm（34针）　9.5cm（21针）
平收28针
减3针 2-1-3　　减3针 2-1-3
46行
16cm（52行）
8针　　8针
38.5cm（126行）
17.5cm（58行）
42cm（92针）
花样A
5cm（16行）
40cm（92针）

**左前片**
（10号棒针）
全下针
花样B（配色）

16.5cm（36针）
7cm（15针）　9.5cm（21针）
18行
减15针 2-1-9
平收6针
16cm（52行）
8针
38.5cm（126行）
20cm（44针）
17.5cm（58行）
5cm（16行）
花样A
19cm（44针）

**符号说明：**

□　上针

□=回　下针

2-1-3 行-针-次

↑　编织方向

■　黄色
■　绿色
■　大红
■　粉色
■　浅粉色

**袖片**
（10号棒针）
全下针
花样B（配色）

33cm（72针）
28cm（94行）
33cm（110行）
减14针 10行平坦 6-1-14　　减14针 10行平坦 6-1-14
花样A
5cm（16行）
19cm（44针）

**领襟**
（10号棒针）
花样A

92针
44针　8行
24针　24针
122针
10行

**花样B**

**花样A(单罗纹)**
2针一花样

**花样C(绣花)**

103

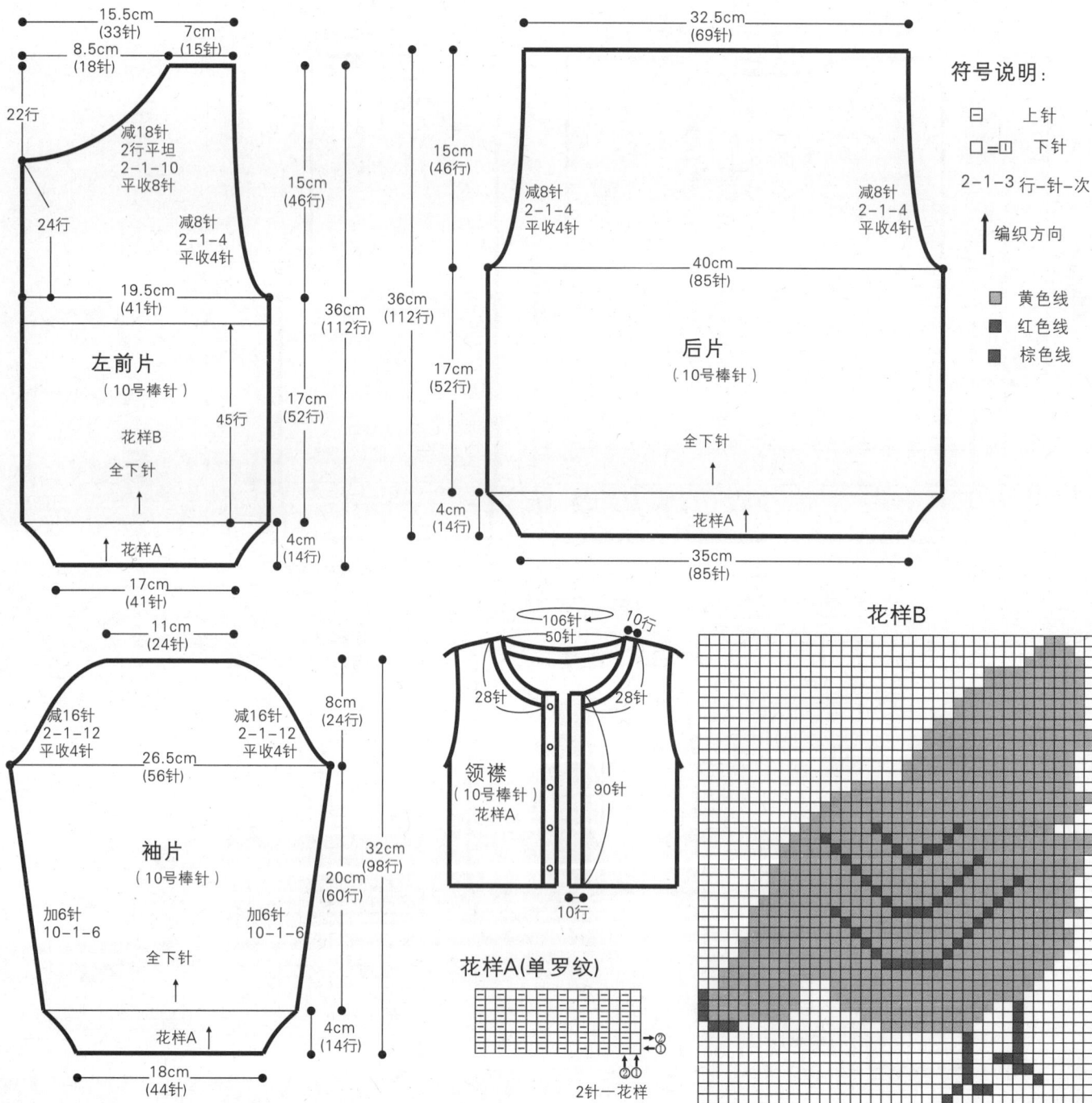

小鸡图案开衫

**【成品规格】** 衣长36cm，胸宽40cm，肩宽32.5cm，袖长32cm

**【工　具】** 10号棒针

**【编织密度】** 21针×30行=10cm²

**【材　料】** 天蓝色棉线300g，黄色线50g

编织要点：

1.棒针编织法。由左右前片、后片、2个袖片组成。

2.后片的织法。单罗纹起针法起85针，织14行花样A，其他全部织下针，先织52行下针，袖隆起按平收4针，2-1-4在两边各收8针，最后剩30针继续织下针38行，平针锁边。

3.前片的织法。分左前片和右前片，先织左前片，单罗纹起针法起41针，织14行花样A，其他全部织下针，先织45行花样B、7行下针至袖隆，然后开始按平收4针，2-1-4在左边收8针，织成袖隆算起24行的高度后，右边平收8针，再按2-1-10方法收10针，再继续织2行下针，剩15针平针锁边。同样方法织另一片。

4.袖片的织法。单罗纹起针法起44针，织14行花样A，下一行起全部织下针，袖侧缝按10-1-6在两边各加6针，织成60行后，袖山起在两边按平收4针，2-1-12方法各收16针，剩24针平针锁边。

5.缝合。用缝衣针把前片、后处、袖片缝合到一起。

6.领片的织法。沿领边挑106针，织10行花样A，单罗纹锁边。

7.门襟的织法。沿一边挑90针，织10行花样A，单罗纹锁边。同样方法挑织另一边。

---

**左前片**
（10号棒针）

花样B

全下针

花样A

15.5cm（33针）
8.5cm（18针）
7cm（15针）
22行
减18针 2行平坦 2-1-10 平收8针
24行
减8针 2-1-4 平收4针
19.5cm（41针）
45行
15cm（46行）
36cm（112行）
17cm（52行）
4cm（14行）
17cm（41针）

**后片**
（10号棒针）

全下针

花样A

32.5cm（69针）
15cm（46行）
减8针 2-1-4 平收4针
减8针 2-1-4 平收4针
40cm（85针）
36cm（112行）
17cm（52行）
4cm（14行）
35cm（85针）

**袖片**
（10号棒针）

全下针

花样A

11cm（24针）
减16针 2-1-12 平收4针
减16针 2-1-12 平收4针
26.5cm（56针）
8cm（24行）
32cm（98行）
20cm（60行）
加6针 10-1-6
加6针 10-1-6
4cm（14行）
18cm（44针）

**符号说明：**

□ 上针

□=□ 下针

2-1-3 行-针-次

↑ 编织方向

■ 黄色线
■ 红色线
■ 棕色线

**领襟**
（10号棒针）花样A

106针
50针
10行
28针
28针
90针
10行

花样A（单罗纹）

2针一花样

花样B

小清新范短袖

【成品规格】 衣长43cm，胸宽32cm，肩宽21cm

【工 具】 10号棒针

【编织密度】 25针×36行＝10cm²

【材 料】 红色丝光棉线50g，白色丝光棉线200g，绿色丝光棉线120g

编织要点：

1.棒针编织法。从领口起织。

2.用绿色线，起108针，分配6组花样A编织，依照花样A图解，织成38行的高度。织成叶子领边。用作腋下的叶子叉口，用绿色线，加8针，织成12行的高度。衣身需要从各片之间挑针编织，用白色线，先编织前片，在4片叶子之间，挑针起织下针，依照结构图分配，各边2-1-6，织成12行高，加成64针的宽度，在最后一行里，将腋下的8针挑出，一行共80针，起织排花，图解见花样B，来回编织，并在两侧缝边加针，12-1-8，织成96行高度后，依照花样D织18行，对折，缝于衣边内侧。相同的方法编织后片。袖片用绿色线编织，在挑针后，将腋下的16针挑出，起织下针，织12行的高度后，收针断线。用红色线，依照花样C图解，钩织6朵立体花，缝于叶子之间装饰。衣服完成。

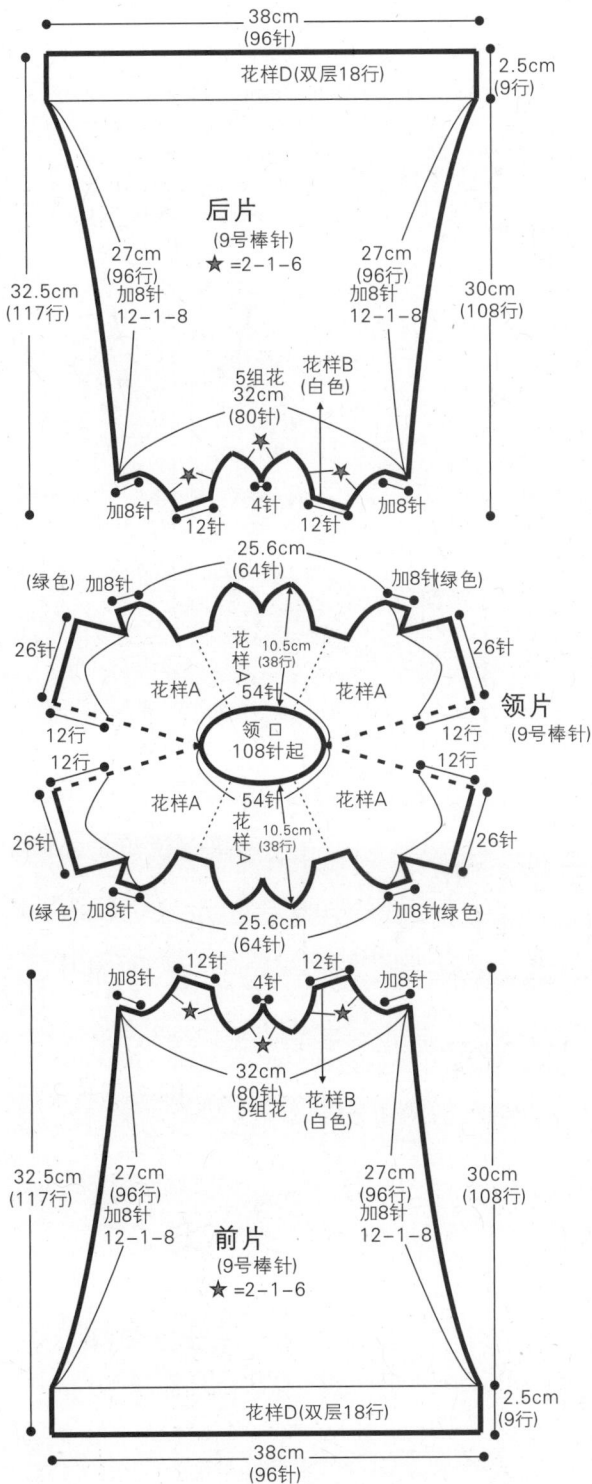

花样A

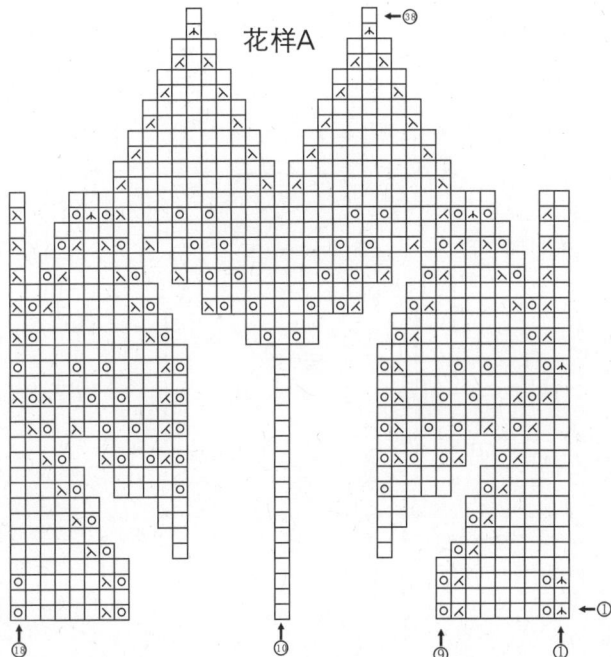

花样B

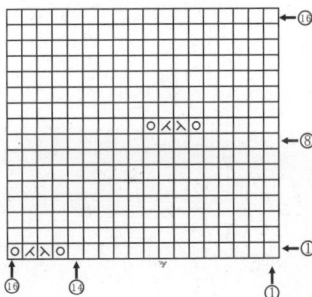

花样C

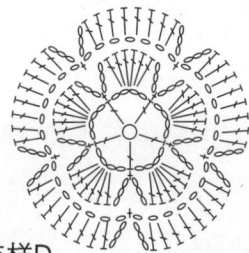

花样D

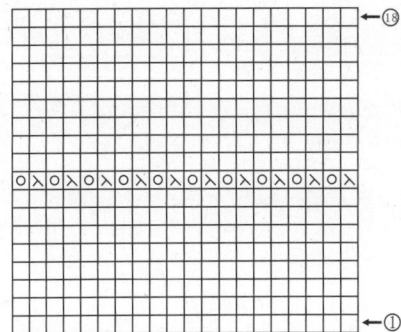

符号说明：

□ 上针
□＝□ 下针
☒ 左并针
☒ 右并针
☒ 镂空针

2-1-3 行-针-次

↑ 编织方向

连帽小开衫

**【成品规格】** 胸围58cm，衣长34cm，袖长34cm

**【工　具】** 11号、13号棒针

**【编织密度】** 30针×38行=10cm²

**【材　料】** 红色毛线400g，纽扣3枚

编织要点：

1. 右前片，用13号棒针起44针，从下往上织花样A3.5cm，换11号棒针织下针，织到15.5cm处收斜肩，按图解织花样B，继续按图解收领口。前左片织法同。

2. 后片，后片起88针，织法同右前片，收斜肩时同时织花样C，斜肩织完后平收36针。

3. 衣袖，用13号棒针起44针，从下往上织3.5cm 花样A，换11号棒针织下针，放针、挂肩减针等按图解编织。

4. 前后片、衣袖缝合后，用13号棒针按帽子图挑针编织。门襟连帽挑边织花样A。

5. 清洗、熨烫。

---

后片
- 平织2行
- 2-1-9
- 4-1-1 ）3次
- 2-1-1
- 2-1-9
- -24
- 12cm（36针）
- 15cm（56行）
- 1cm（2针）　1cm（2针）
- 花样C
- 15.5cm（58行）　后　片　下针
- 3.5cm（16行）　花样A
- 29cm（88针）

前右片
- 6cm（15针）
- 3针
- 13cm（50行）
- 平织2行 2-1-24
- 1cm（2针）
- 花样B
- 领口收针
- 平织4行
- 4-1-1
- 2-1-3
- 2-2-2
- 2-3-1
- 2-4-1
- 6cm（22行）
- 花样A
- 14.5cm（44针）

帽子（连帽图）
- 门襟连帽挑310针织花样A3cm
- 10针
- 3cm（14行）

衣袖
- 8cm（24针）
- 平织2行
- 2-1-9
- 4-1-1
- 2-1-1 ）3次
- 2-1-9
- 3针
- 2-7-1 2-10-1
- 2cm（8针）
- 平织2行 2-1-24
- 13cm（50行）
- 15cm（56行）
- 2针　2针
- 衣袖
- 25.5cm（76针）下针
- 15.5cm（58行）
- 平织4行 4-1-11 2-1-5
- 3.5cm（16行）　花样A
- 15cm（44针）

帽子
- 6cm（22行）
- 减 2行平织 2-1-10
- 帽子 下针　下针　加 6行平织 6-1-5 8-1-5
- 20cm（76行）
- 32针　18针　32针
- 34cm（82针）

符号说明：

| | 下针 |
| | 上针 |

⤫ 1下针与2下针相交

⤫ 2下针与1上针相交

⤫ 4针绞花

⤫ 6针绞花

花样A

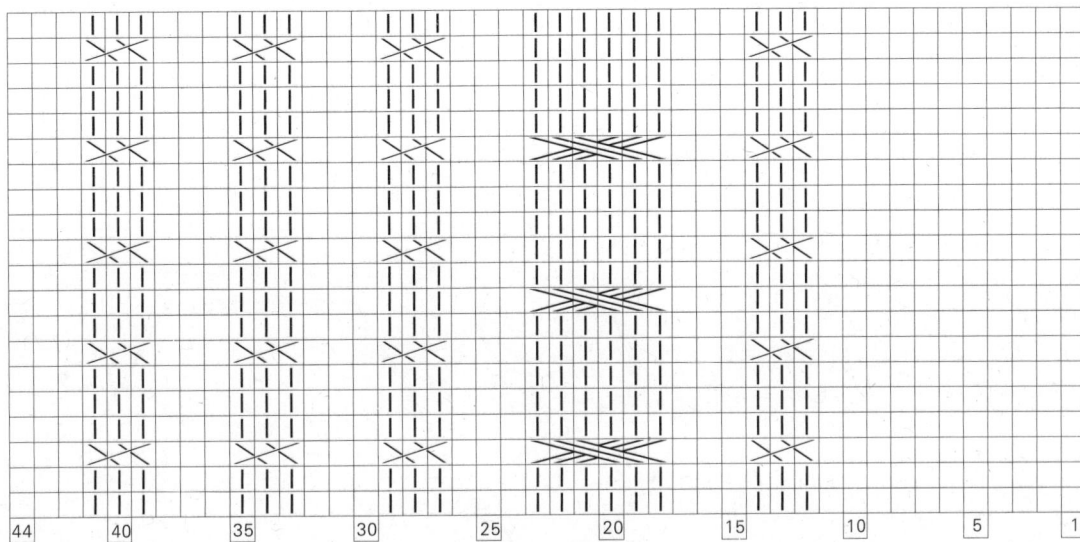

花样B

44  40  35  30  25  20  15  10  5  1

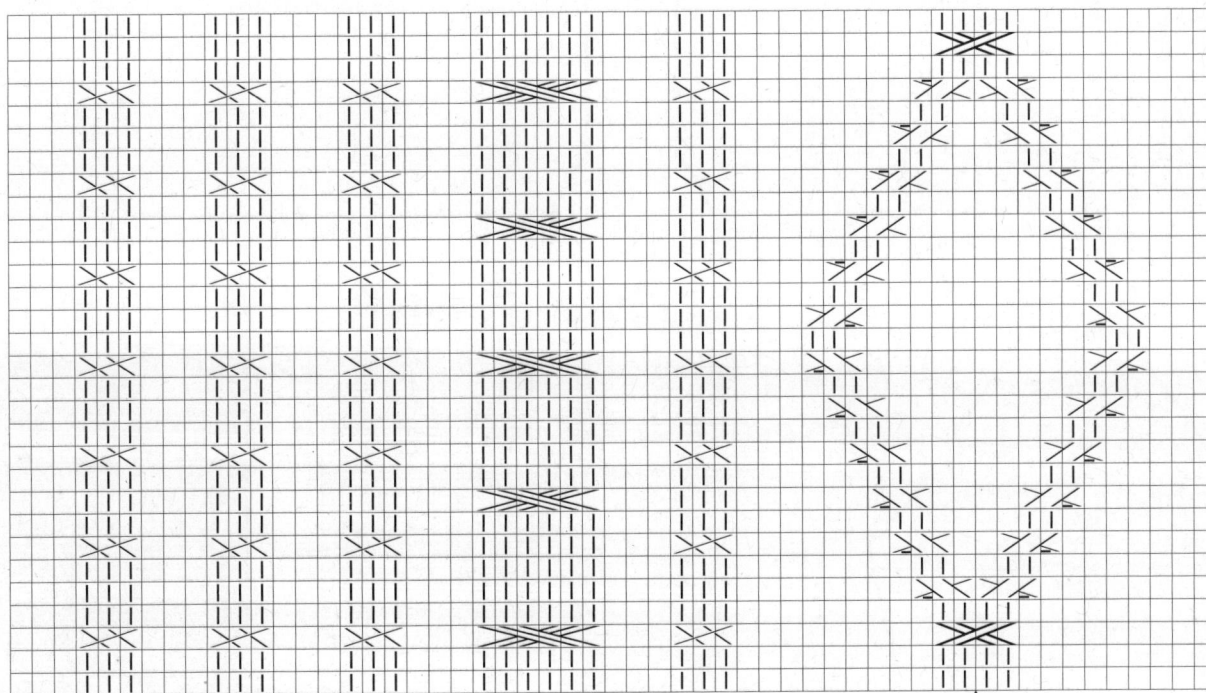

花样C

后片花样中心

人物图案毛衣

【成品规格】 衣长35cm，胸宽35cm，袖长 38.5cm

【工　　具】 10号棒针

【编织密度】 22针×32行=10cm²

【材　　料】 蓝白花线250g，灰色线150g

编织要点:

1.棒针编织法。

2.后片的织法。用蓝色毛线，单罗纹起针法起78针，织14行花样A，62行全下针，开始按平收4针，2-1-22在两边各收掉26针，剩26针平针锁边。

3.前片的织法。用蓝色毛线，单罗纹起针法起84针，织14行花样A，后开始从左到右依次排花，19针下针、15针花样B、50针花样C。织62行后开始在两边按4针，2-1-19在两边各收掉23针。花样B织至42行后在中间平收15针，分左右两片编织。先右片，在左边按2-3收6针。同样方法织左片。

4.袖片的织法：用浅蓝色毛线，单罗纹起针法起46针，织14行花样A，后织全下针，同时按6-1-11在两边各加11针，然后再按平收4针，2-1-22在两边各收26针，剩16针平针锁边。

5.缝合。用缝衣针把前片、后处、袖片缝合到一起。

6.领片的织法。沿领边挑108针，织8行花样A，单罗纹锁边。

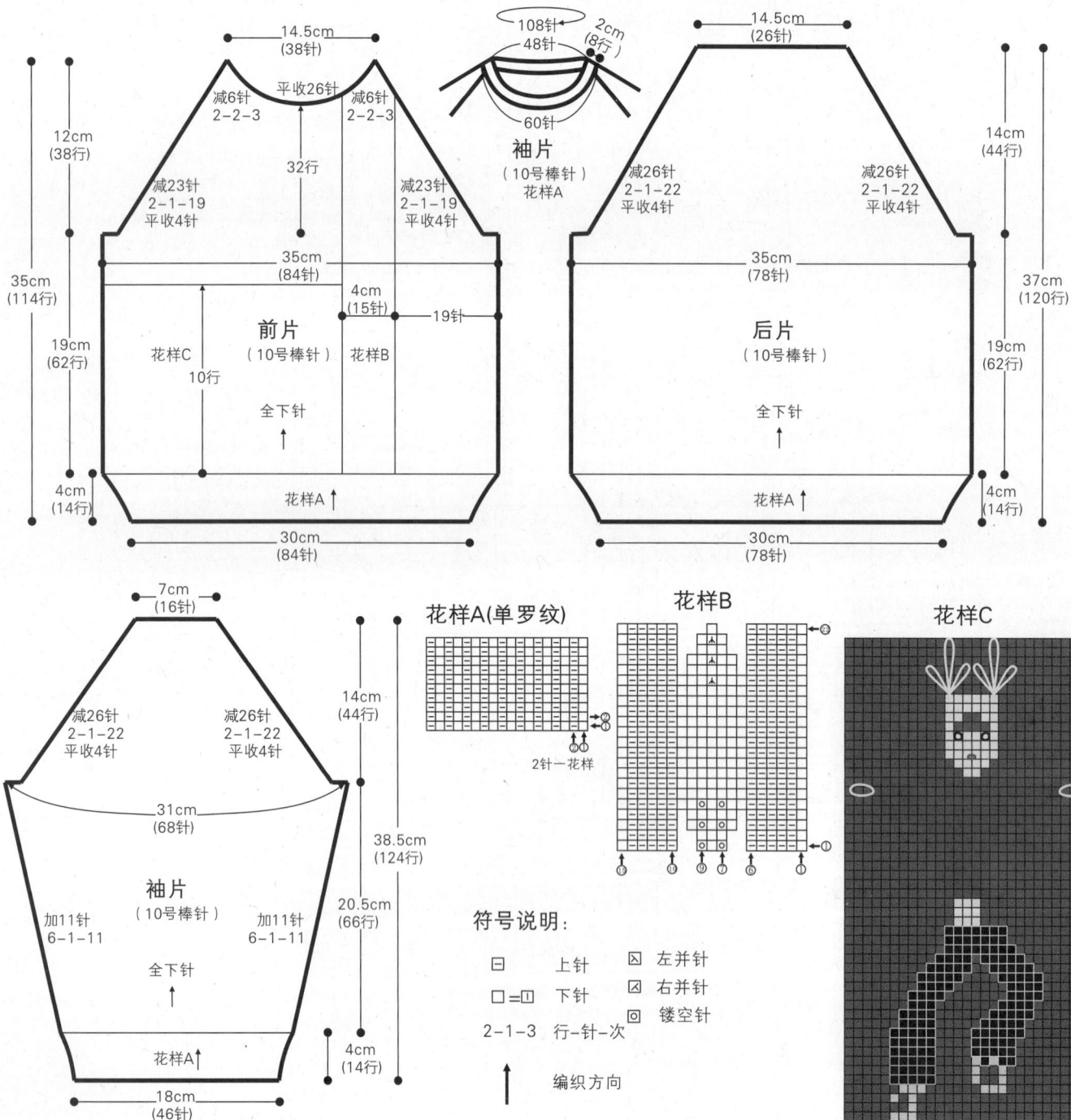

14.5cm
(38针)

平收26针

减6针
2-2-3

减6针
2-2-3

32行

108针
48针
2cm
(8行)
60针

袖片
（10号棒针）
花样A

14.5cm
(26针)

12cm
(38行)

减23针
2-1-19
平收4针

减23针
2-1-19
平收4针

35cm
(84针)

4cm
(15针)

19针

减26针
2-1-22
平收4针

减26针
2-1-22
平收4针

35cm
(78针)

14cm
(44行)

35cm
(114行)

花样C

前片
（10号棒针）

花样B

10行

后片
（10号棒针）

37cm
(120行)

19cm
(62行)

花样A ↑

全下针 ↑

全下针 ↑

花样A ↑

19cm
(62行)

4cm
(14行)

30cm
(84针)

30cm
(78针)

4cm
(14行)

7cm
(16针)

减26针
2-1-22
平收4针

减26针
2-1-22
平收4针

14cm
(44行)

31cm
(68针)

38.5cm
(124行)

袖片
（10号棒针）

加11针
6-1-11

加11针
6-1-11

20.5cm
(66行)

全下针 ↑

花样A ↑

4cm
(14行)

18cm
(46针)

花样A(单罗纹)

2针一花样

花样B

花样C

符号说明:

□　　上针

□=□　下针

2-1-3　行-针-次

↑　编织方向

⊠　左并针

⊠　右并针

回　镂空针

复古小开衫

【成品规格】 衣长40cm，下摆宽38cm，袖长37cm

【工　　具】 10号棒针，缝衣针

【编织密度】 24针×36行=10cm²

【材　　料】 白色羊毛线400g，蓝色线等少许，纽扣6枚

编织要点：

1. 毛衣用棒针编织，由2片前片、1片后片、2片袖片组成，从下往上编织。

2. 先编织前片。分右前片和左前片编织。

(1) 右前片，用机器边起针法起46针，先织14行单罗纹后，改织全下针，并编入图案，侧缝不用加减针，织至68行至袖隆。

(2) 袖隆以上的编织。右侧袖隆平收6针后，不加不减平织62行至袖隆。

(3) 同时从袖隆算起织至36行时，开始领窝减针，门襟处平收4针后，领窝减针，方法是每2行减1针减12次，至肩部余24针。

(4) 相同的方法，相反的方向编织左前片。

3. 编织后片。

(1) 用机器边起针法，起92针，先织14行单罗纹后，改织全下针，侧缝不用加减针，织68行至袖隆。

(2) 袖隆以上编织。袖隆开始减针，方法与前片袖隆一样。

(3) 同时织至从袖隆算起54时，开后领窝，中间平收24针，两边各减4针，方法是每2行减1针减4次，织至两边肩部余24针。

4. 编织袖片。从袖口织起，用机器边起针法，起52针，先织14行单罗纹后，改织全下针，袖侧缝两边加10针，方法是每10行加1针加10次，编织118行至袖隆后余72针，收针断线。同样方法编织另一袖片。

5. 缝合。将前片的侧缝与后片的侧缝对应缝合，前后片的肩部对应缝合，再将两袖片的袖下缝合后，袖山边线与衣身的袖隆边对应缝合。

6. 领子编织。领圈边挑110针，织8行单罗纹，形成开襟圆领。

7. 门襟编织。两边门襟分别挑58针，织8行单罗纹，左边门襟均匀地开扣眼。

8. 用缝衣针缝上纽扣，衣服编织完成。

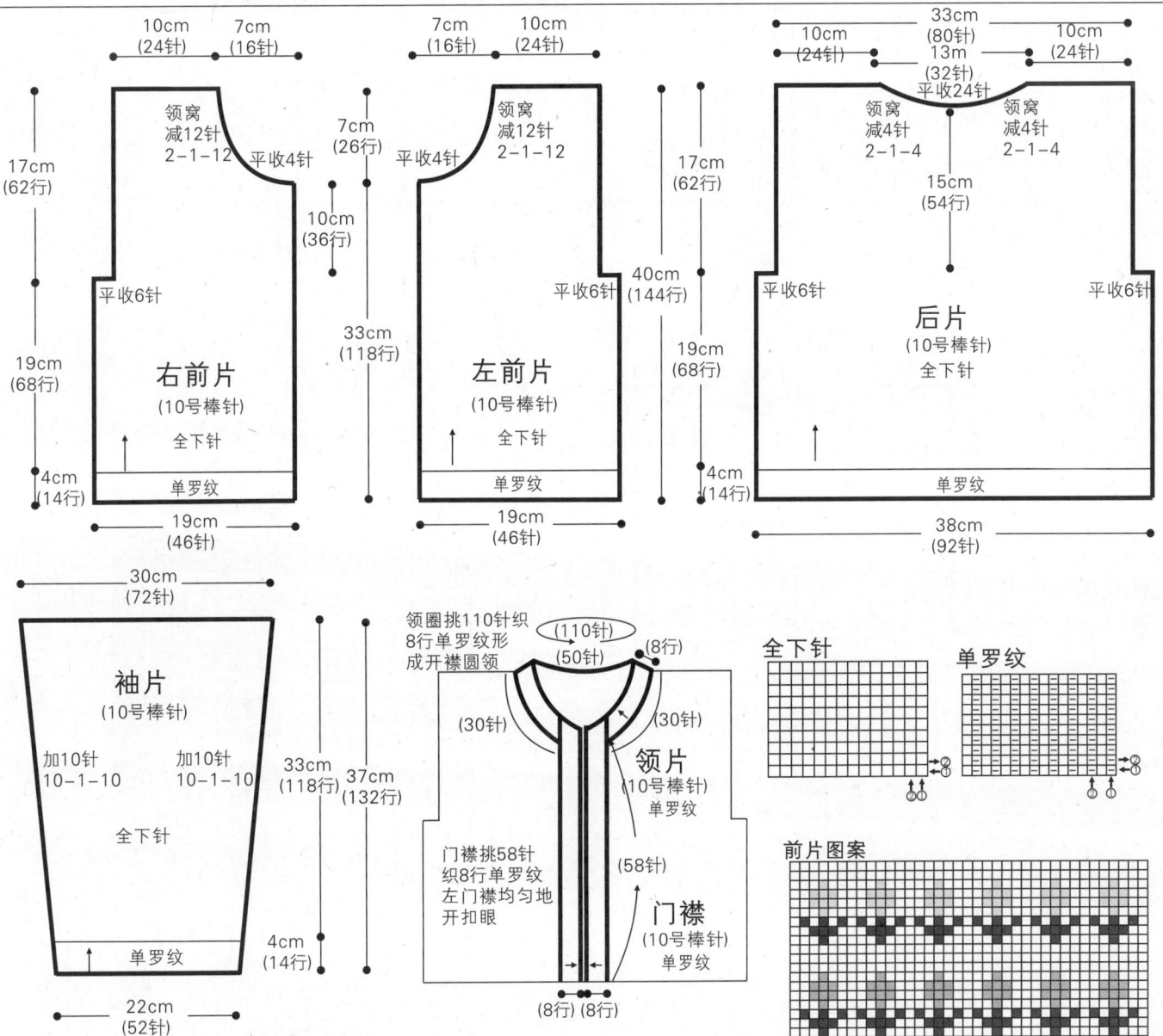

---

右前片（10号棒针）全下针
- 10cm（24针） 7cm（16针）
- 领窝 减12针 2-1-12 平收4针
- 17cm（62行）
- 19cm（68行）
- 平收6针
- 4cm（14行） 单罗纹
- 19cm（46针）

左前片（10号棒针）全下针
- 7cm（16针） 10cm（24针）
- 领窝 减12针 2-1-12 平收4针
- 7cm（26行）
- 10cm（36行）
- 平收6针
- 17cm（62行）
- 19cm（68行）
- 40cm（144行）
- 33cm（118行）
- 4cm（14行） 单罗纹
- 19cm（46针）

后片（10号棒针）全下针
- 10cm（24针） 33cm（80针）13m（32针） 10cm（24针）
- 平收24针
- 领窝 减4针 2-1-4 领窝 减4针 2-1-4
- 17cm（62行）
- 15cm（54行）
- 19cm（68行）
- 平收6针　平收6针
- 4cm（14行） 单罗纹
- 38cm（92针）

袖片（10号棒针）全下针
- 30cm（72针）
- 加10针 10-1-10　加10针 10-1-10
- 33cm（118行）　37cm（132行）
- 4cm（14行） 单罗纹
- 22cm（52针）

领片（10号棒针）单罗纹
- 领圈挑110针织8行单罗纹形成开襟圆领
- （110针）（50针）（8行）
- （30针）（30针）

门襟（10号棒针）单罗纹
- 门襟挑58针织8行单罗纹左门襟均匀地开扣眼
- （58针）
- （8行）（8行）

全下针

单罗纹

前片图案

符号说明：　2-1-3 行-针-次
- □　上针
- □=□　下针
- ↑　编织方向

## 清新和尚装

【成品规格】 衣长25cm，胸宽30cm，肩宽30cm，袖长25cm

【工　　具】 10号棒针

【编织密度】 21针×30行=10cm²

【材　　料】 灰绿色羊毛线200g

编织要点:

1.棒针编织法，分为左前片、右前片、后片分别编织，最后编织领襟和袖口。

2.前片的编织，分为左前片和右前片分别编织，编织方法一样，但方向相反。以右前片为例，下针起针法，起73针，起织花样A，不加减针编织40行。下一行起，改织下针，分散收针21针，左侧减针，先织2行，然后2-1-10，2-2-10，织40行，减36针，余下16针，收针断线。用相同方法及相反方向编织左前片。

3.后片的编织，下针起针法，起73针，花样A起织，不加减针编织40行。下一行起，改织下针，分散收针11针，不加减针编织38行。下一行进行衣领减针，从中间平收22针，两侧相反方向减针，2-2-2，织4行，减4针，余下16针，收针断线。

4.缝合，将左右前片及后片侧缝对应缝合。

5.领襟、袖口的编织，从领襟左右前片位置各挑针56+28针，后片位置挑针32针，共200针，花A起织，不加减针编织7行，收针断线。从左右袖口位置各挑针60针，花A起织，不加减针编织7行，收针断线，衣服完成。

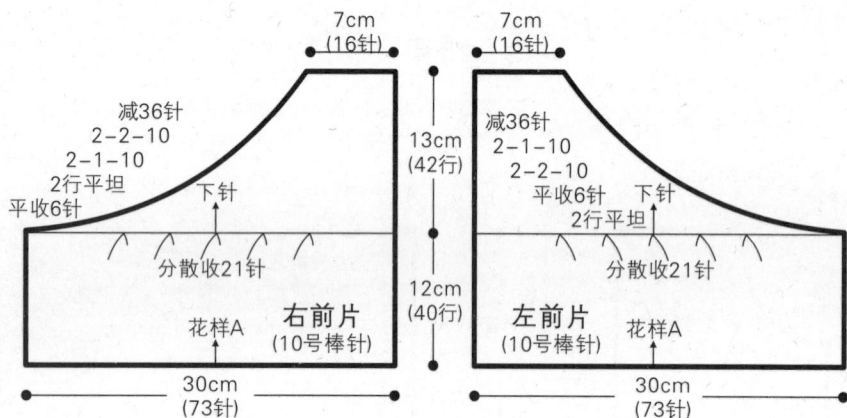

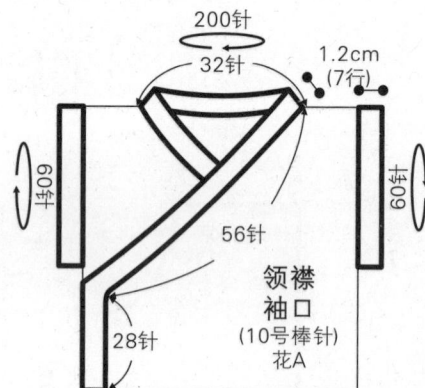

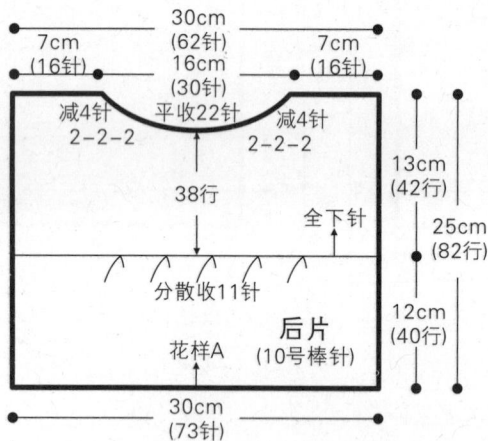

符号说明:

| 符号 | 说明 | 符号 | 说明 |
|---|---|---|---|
| □ | 上针 | ▨ | 左并针 |
| □=Ⅱ | 下针 | ▨ | 右并针 |
| 2-1-3 | 行-针-次 | ○ | 镂空针 |
| ↑ | 编织方向 | | |
| ⋏ | 中上3针并1针 | | |

花样A

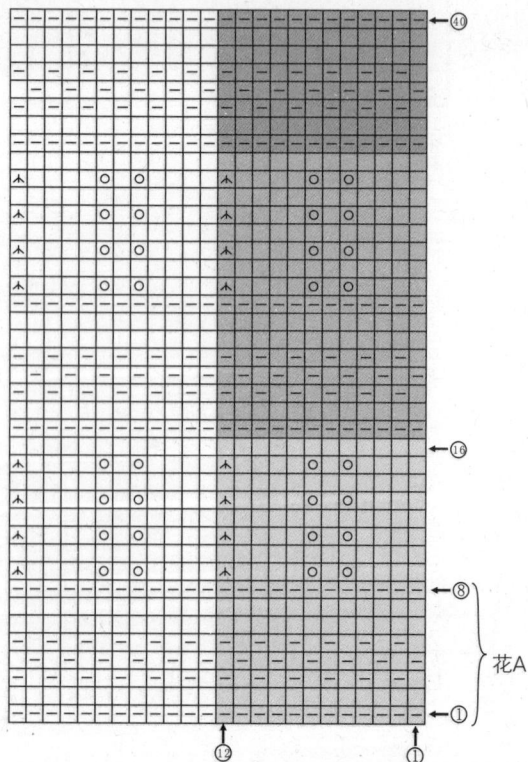

简约套头毛衣

【成品规格】 衣长34cm,下摆宽33cm,肩宽27cm,袖长34cm
【工　　具】 10号棒针,缝衣针
【编织密度】 20针×28行=10cm²
【材　　料】 红色羊毛线400g,黑灰色线少许,纽扣2枚

编织要点:

1.毛衣用棒针编织,由1片前片、1片后片、2片袖片组成,从下往上编织。
2.先编织前片。
(1) 用机器边起针法起66针,编织12行单罗纹后,改织全下针,侧缝不用加减针,织44行至袖隆。
(2)袖隆以上的编织。两边袖隆减针,方法是每2行减1针减8次,各减8针,不加不减织24行至肩部。
(3) 同时织至从袖隆算起14行时,开始开门襟,中间平收6针,然后分2片编织,分别织至12行时开始领窝减针,方法是每2行减2针减5次,各减5针,至肩部余14针。
3.编织后片。

(1) 用机器边起针法起66针,编织12行单罗纹后,改织全下针,侧缝不用加减针,织44行至袖隆。
(2)袖隆以上的编织。两边袖隆减针,方法是每2行减1针减8次,各减8针,不加不减织24行至肩部。
(3) 同时织至从袖隆算起36行时,开始开领窝,中间平收22针,然后两边减针,方法是每2行减1针减2次,至肩部余14针。
4.袖片编织。用机器边起针法起40针,织12行单罗纹后,改织全下针,并配色,袖下加针,方法是每4行加1针加10次,织至58行时,开始袖山减针,方法是每2行减2针减2次,每2行减1针减10次,至顶部余32针。
5.缝合。将前片的侧缝与后片的侧缝对应缝合。前片的肩部与后片的肩部缝合,两边袖片的袖下缝合后,分别与衣片的袖边缝合。
6.领片编织。领圈边挑82针,片织8行单罗纹。两边门襟各挑20针,织10行单罗纹,下部重叠缝合,形成开襟圆领。
7.前片两边口袋另织,起20针,织6行单罗纹后,改织全下针,并编入图案,在一侧加5针,方法是每2行加1针加5次,至20行余25针,对称编织另一片口袋,缝合于前片,并绣上带子。
8.缝上门襟纽扣。毛衣编织完成。

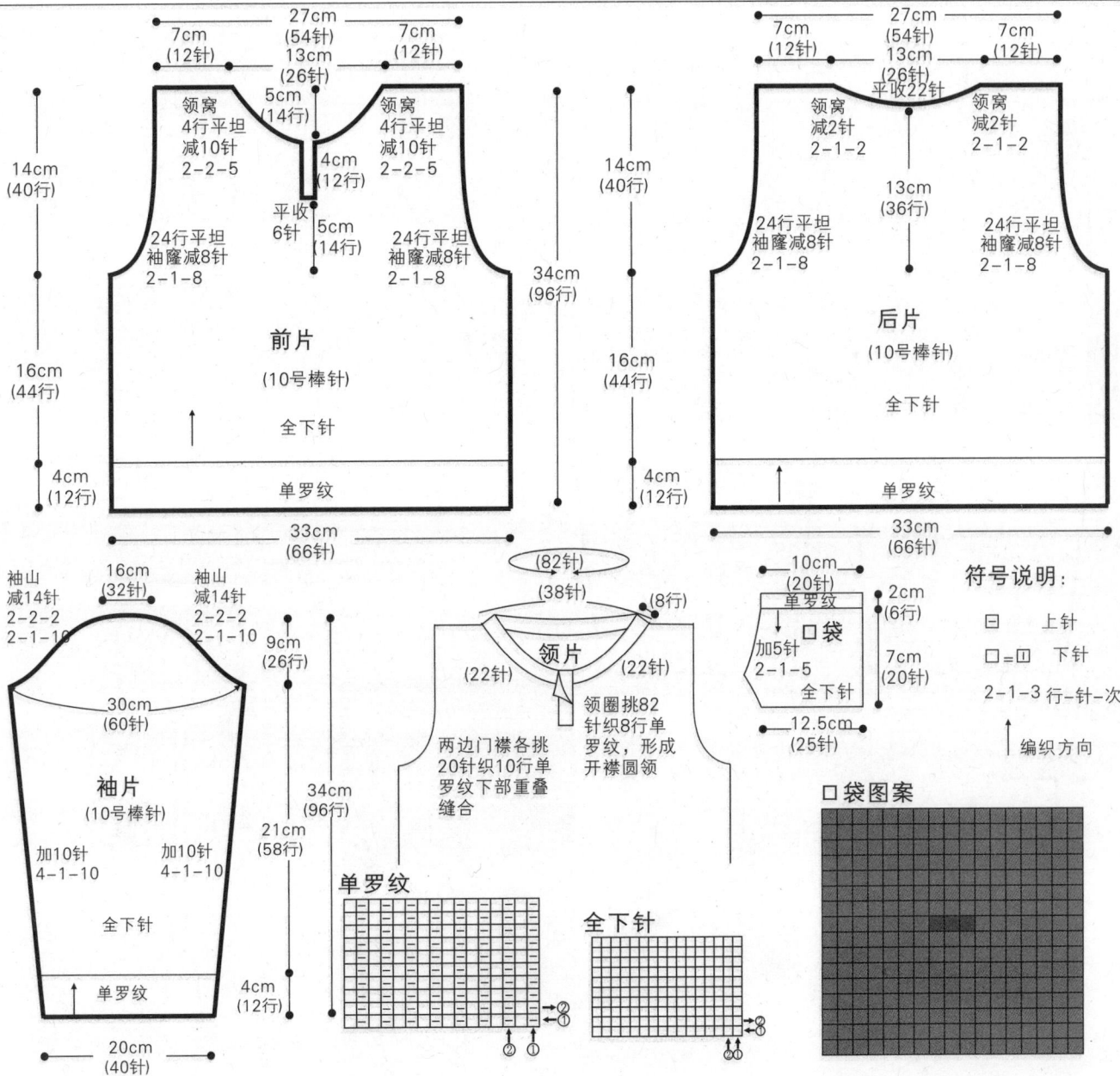

前片
27cm (54针)
7cm (12针) 13cm (26针) 7cm (12针)
5cm (14行)
领窝 4行平坦 减10针 2-2-5
领窝 4行平坦 减10针 2-2-5
4cm (12行)
平收 6针
5cm (14行)
24行平坦 袖隆减8针 2-1-8
24行平坦 袖隆减8针 2-1-8
14cm (40行)
16cm (44行)
4cm (12行)
前片
(10号棒针)
全下针
单罗纹
33cm (66针)

后片
27cm (54针)
7cm (12针) 13cm (26针) 7cm (12针)
平收22针
领窝 减2针 2-1-2
领窝 减2针 2-1-2
13cm (36行)
24行平坦 袖隆减8针 2-1-8
24行平坦 袖隆减8针 2-1-8
14cm (40行)
16cm (44行)
34cm (96行)
4cm (12行)
后片
(10号棒针)
全下针
单罗纹
33cm (66针)

袖片
袖山 减14针 2-2-2 2-1-10
16cm (32针)
袖山 减14针 2-2-2 2-1-10
30cm (60针)
袖片
(10号棒针)
加10针 4-1-10
加10针 4-1-10
全下针
单罗纹
20cm (40针)
34cm (96行)
9cm (26行)
21cm (58行)
4cm (12行)

领片
(82针)
(38针)
(22针)
(22针)
(8行)
领片
两边门襟各挑20针织10行单罗纹下部重叠缝合
领圈挑82针织8行单罗纹,形成开襟圆领

口袋
10cm (20针)
2cm (6行)
单罗纹
口袋
加5针 2-1-5
全下针
7cm (20行)
12.5cm (25针)

单罗纹
全下针
口袋图案

符号说明:
□ 上针
□=□ 下针
2-1-3 行-针-次
↑ 编织方向

小老虎连体衣

【成品规格】 衣长57cm，胸宽33.5cm，袖长33.5cm

【工　　具】 10号棒针

【编织密度】 24针×34行=10cm²

【材　　料】 黄色和黑色奶棉绒线各250g,纽扣13枚

编织要点:

1.棒针编织法。从裤管起织，再由2个裤管合并成一片编织，最后再分成左右裤片和后裤片各自编织。

2.左右裤片的织法。

(1)右裤管的起织，单罗纹起针法，用黑色线起织，起54针，起织花样A单罗纹针，不加减针，织14行的高度，下一行起，全织下针，并依照花样B配色。两侧加针，6-1-11，加针织成66行的高度。暂停编织。

(2)左裤管的编织。单罗纹起针法，用黄色线起织，起54针，起织花样A单罗纹针，不加减针，织14行的高度，下一行起，全织下针，并依照花样B配色。两侧加针，6-1-11，加针织成66行的高度。左裤管右侧，用单起针法，起8针，与右裤管连接成一片。往上做一片编织，加针的8针中间4针，进行花样D配色编织。不加减针，织70行的高度。

3.下一行起分片编织。左右裤片各38针。后片84针。先编织后片。继续相同色线编织下针，两侧同时减针4针，

然后袖窿减针，2-1-24，织成48行高，余下28针，收针断线。

4.右裤片的编织。右裤片左侧减针4针，然后2-1-24，衣襟侧不加减针，织成48行高度，余下10针，收针断线。相同的织法，相反的减针方向去编织左裤片。

3.缝合。用缝合针把前后片的肩部对应缝合。

4.袖片织法。左右2个袖片所使用的色线不相同。袖口，右袖口用黄色线，左袖口用黑色线。袖身，左袖身用黄色线，右袖身用黑色线。织法相同。起织，单罗纹起针法，起50针，起织花样A，不加减针，织14行的高度，在最后一行里，分散加14针。针数加成64针，起织下针，并在袖侧缝上加针，6-1-8，再织8行至袖山。下一行袖山两侧减针，各减4针，然后2-1-24，织48行高，余下24针，收针断线。

5.帽片织法。用黄色线，将衣领所有的针数96针挑出，起织下针，并依照花样B配色编织，不加减针，织72行的高度后，将两侧的34针收针，留下中间28针，继续用黄色线编织，并在中间的位置，用黑色线织出一个工字形图案，织够48行后，收针断线。将34针与48针边进行缝合。

6.沿着左右衣襟边和帽子前沿，挑出464针，用黑色线，起织花样A单罗纹针，不加减针，织8行的高度，在右衣襟上，制作5个扣眼，每2个扣眼间相隔20针。后裤片的裤管开口，也织一圈花样A单罗纹针，织8行，并在每一边各制作4个扣眼。在前裤管开口钉上4个白色纽扣。左衣襟钉上5个彩色纽扣。在左右裤片的衣身上，在结构图所示的位置上，用各色线绣上花样C脚印图案。衣服完成。

符号说明:

□　上针

□=□　下针

2-1-3行-针-次

↑　编织方向

花样C

花样B

花样D

花样A(单罗纹)

衣襟

112

森女系开衫

【成品规格】 衣长36cm，下摆宽36cm，袖长33cm

【工　　具】 10号棒针，缝衣针，钩针

【编织密度】 22针×30行=10cm²

【材　　料】 灰色羊毛线400g，蓝色线等少许，纽扣4枚

编织要点：

1. 毛衣用棒针编织，由2片前片、1片后片、2片袖片组成，从下往上编织。

2. 先编织前片。分右前片和左前片编织。

(1) 右前片，用机器边起针法起40针，先织12行单罗纹后，改织全下针，并编入图案，侧缝不用加减针，织至50行至袖隆。

(2) 袖隆以上的编织。右侧袖隆平收4针后，不加不减平织46行至袖隆。

(3) 同时从袖隆算起织至28行时，开始领窝减针，门襟处平收4针后，领窝减针，方法是每2行减2针减8次，至肩部16针。

(4) 相同的方法，相反的方向编织左前片。

3. 编织后片。

(1) 用机器边起针法，起80针，先织12行单罗纹后，改织全下针，并编入图案，侧缝不用加减针，织50行至袖隆。

(2)袖隆以上编织。袖隆开始减针，方法与前片袖隆一样。

(3) 同时织至从袖隆算起42时，开后领窝，中间平收36针，两边各减2针，方法是每2行减1针减2次，织至两边肩部余16针。

4. 编织袖片。从袖口织起，用机器边起针法，起40针，先织12行单罗纹后，改织全下针，并编入图案，袖侧缝两边加12针，方法是每6行加1针加12次，编织88行至袖隆后余64针，收针断线。同样方法编织另一袖片。

5. 缝合。将前片的侧缝与后片的侧缝对应缝合，前后片的肩部对应缝合，再将两袖片的袖下缝合后，袖山边线与衣身的袖隆边对应缝合。

6. 领子和门襟编织。领圈边至两边门襟，用钩针钩织花边，形成开襟圆领。

7. 用缝衣针缝上纽扣，衣服编织完成。

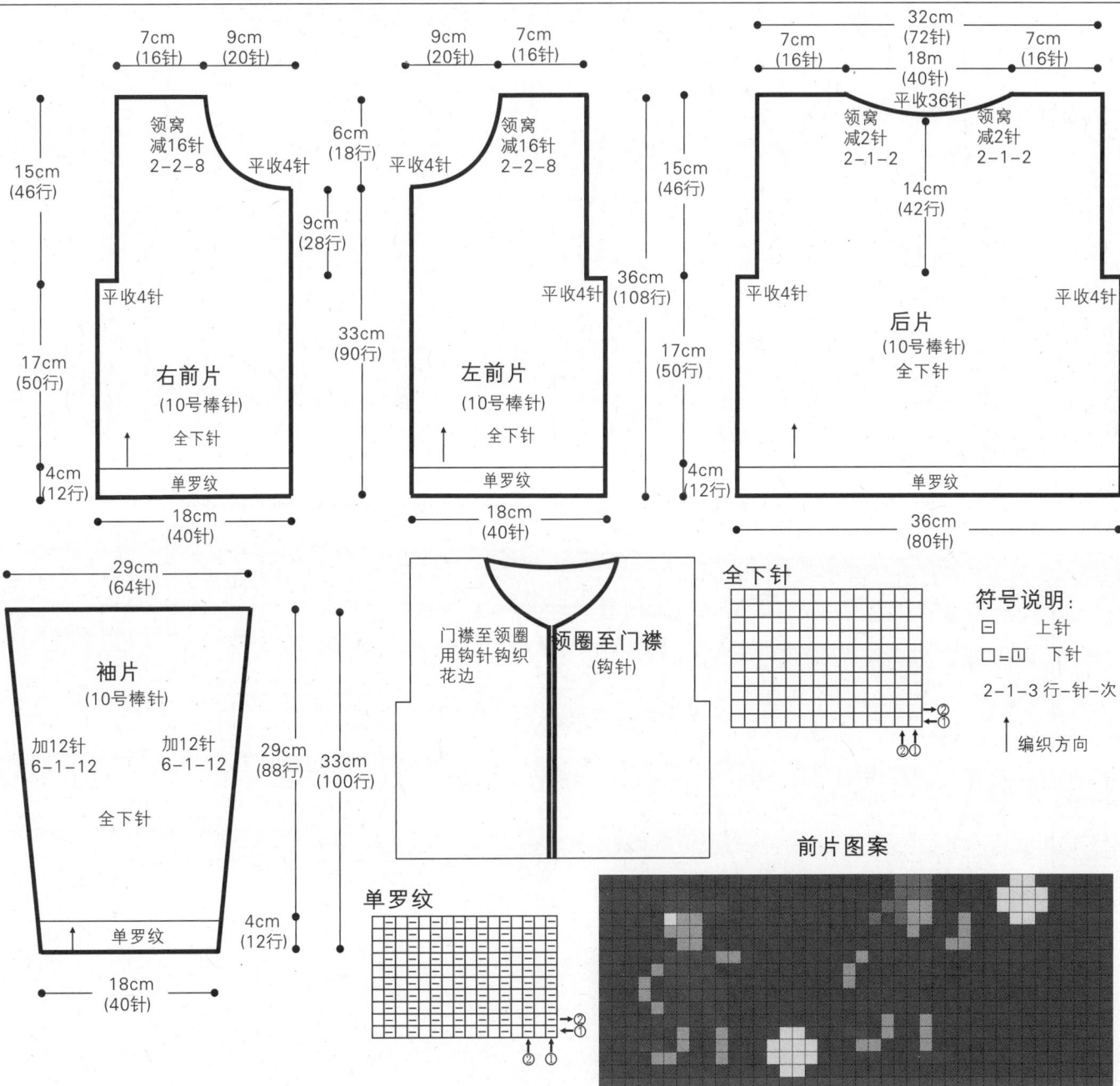

右前片
(10号棒针)
全下针

7cm(16针) 9cm(20针)
领窝减16针 2-2-8
平收4针
6cm(18行)
9cm(28行)
15cm(46行)
平收4针
17cm(50行)
4cm(12行) 单罗纹
18cm(40针)

左前片
(10号棒针)
全下针

9cm(20针) 7cm(16针)
领窝减16针 2-2-8
平收4针
平收4针
单罗纹
18cm(40针)
33cm(90行)
36cm(108行)
15cm(46行)
17cm(50行)
4cm(12行)

后片
(10号棒针)
全下针

32cm(72针)
7cm(16针) 18m(40针) 7cm(16针)
平收36针
领窝减2针 2-1-2
领窝减2针 2-1-2
14cm(42行)
平收4针
平收4针
单罗纹
36cm(80针)
4cm(12行)

袖片
(10号棒针)

29cm(64针)
加12针 6-1-12
加12针 6-1-12
全下针
单罗纹
18cm(40针)
29cm(88行)
33cm(100行)
4cm(12行)

门襟至领圈
用钩针钩织
花边
领圈至门襟
(钩针)

全下针

符号说明：
□ 上针
□=□ 下针
2-1-3 行-针-次
↑ 编织方向

前片图案

单罗纹

113

浅灰色V领毛衣

【成品规格】 衣长41cm，胸宽38cm，肩宽32cm，
袖长33.5cm

【工　　具】 10号棒针

【编织密度】 27针×37行=10cm²

【材　　料】 灰色羊毛线400g

编织要点:

1.棒针编织法。
2.后片的织法。单罗纹起针法起103针，织20行花样A、70行花B，开始按平收4针，2-1-5在两边各收9针，花样B织够126行后在中间平收29针，分左右2片编织，先

织右片，在左边按2-1-4方法收掉4针，剩24针平针锁边。同样方法织另一片。
3.前的织法。单罗纹起针法起103针，织20行花样A，70行花B，开始按平收4针，2-1-5在两边各收9针，花样B织够80行后在中间平收1针，分左右2片编织，先织右片，在左边按2-1-4，4-1-1，2-1-1（其中4-1-4，2-1-1重复收7次，收14针）方法收18针，剩24针平针锁边。同样方法织另一片。
4.袖片的织法。单罗纹起针法起73针，织22行花样A，然后织花样B，同时开始按6-1-14在两边各加14针后，再在两边按平收4针，1-1-20方法各收24针，剩53针平针锁边。
5.缝合。用缝衣针把前片、后片、袖片缝合到一起。
6.领片的织法。沿领边挑153针（后片挑48针，前片挑105针），V领转角处，将3针并为1针，中间1针在上，减5次，织10行花样A，单罗纹锁边。

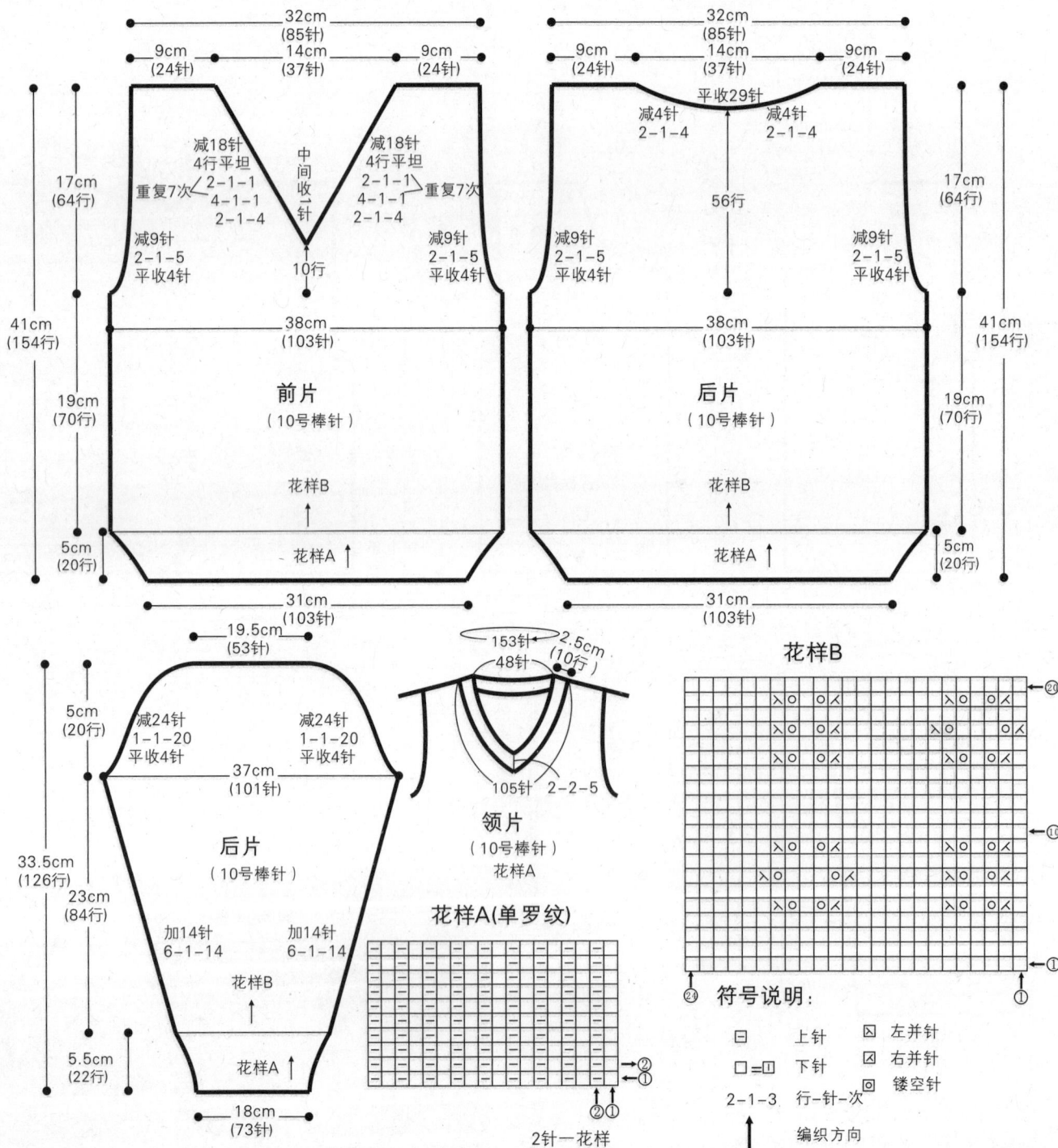

32cm
(85针)

9cm
(24针)　　14cm
(37针)　　9cm
(24针)

17cm
(64行)

减18针
4行平坦
重复7次
2-1-1
4-1-1
2-1-4
中间收一针

减18针
4行平坦
重复7次
2-1-1
4-1-1
2-1-4

减9针
2-1-5
平收4针

减9针
2-1-5
平收4针

10行

41cm
(154行)

38cm
(103针)

前片
（10号棒针）

19cm
(70行)

花样B

5cm
(20行)

花样A

31cm
(103针)

32cm
(85针)

9cm
(24针)　　14cm
(37针)　　9cm
(24针)

平收29针

减4针
2-1-4

减4针
2-1-4

56行

减9针
2-1-5
平收4针

减9针
2-1-5
平收4针

17cm
(64行)

41cm
(154行)

38cm
(103针)

后片
（10号棒针）

19cm
(70行)

花样B

5cm
(20行)

花样A

31cm
(103针)

19.5cm
(53针)

5cm
(20行)

减24针
1-1-20
平收4针

减24针
1-1-20
平收4针

37cm
(101针)

后片
（10号棒针）

33.5cm
(126行)

23cm
(84行)

加14针
6-1-14

加14针
6-1-14

花样B

5.5cm
(22行)

花样A

18cm
(73针)

153针 2.5cm
48针 (10行)

领片
（10号棒针）
花样A

105针 2-2-5

花样A(单罗纹)

2针一花样

花样B

符号说明:

□ 上针　　⊠ 左并针

□ =□ 下针　　⊠ 右并针

○ 镂空针

2-1-3 行-针-次

↑ 编织方向

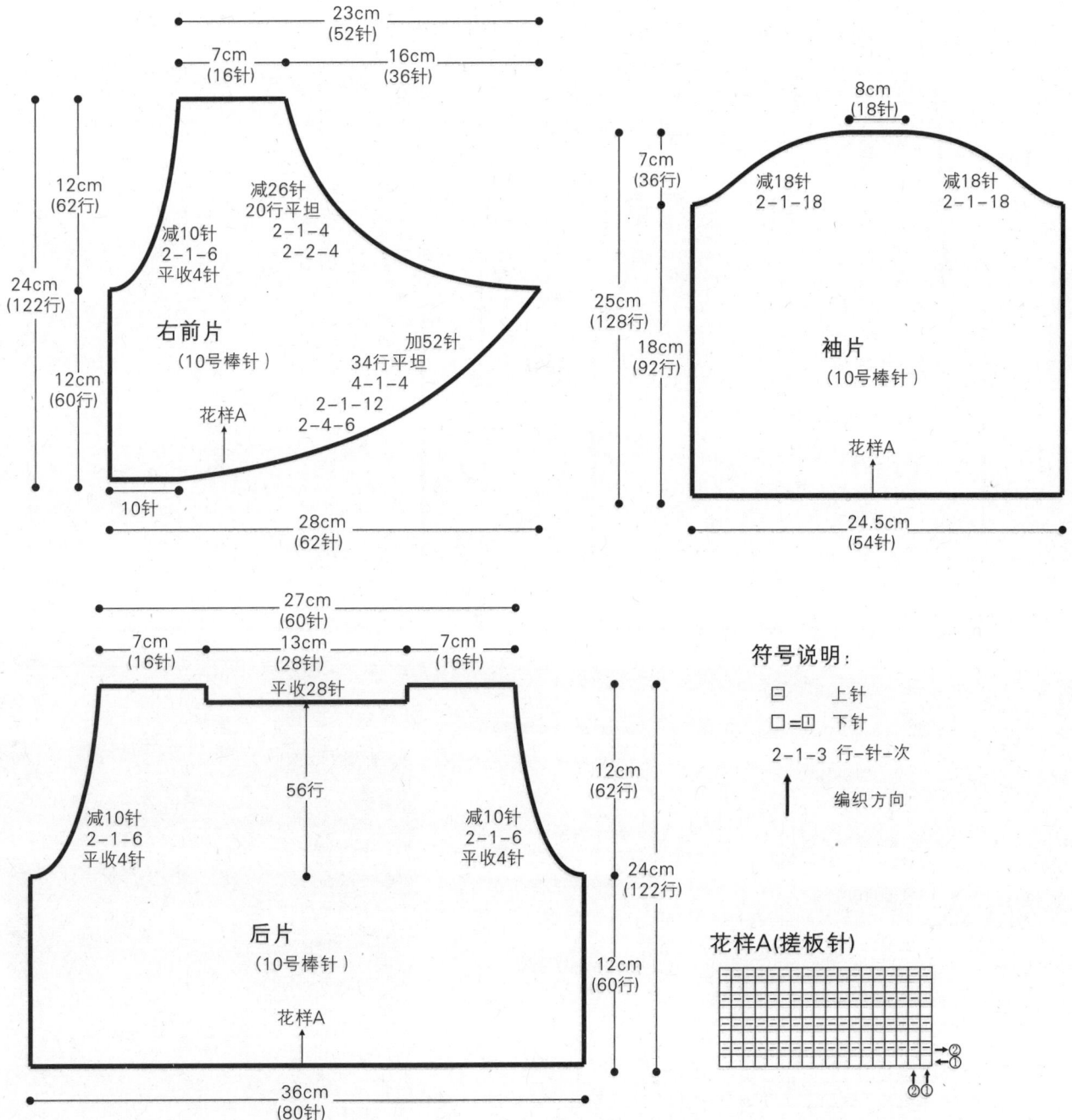

中国红长袖小披肩

| 【成品规格】 | 衣长24cm，胸宽36cm，肩宽27，袖长25cm |
| 【工　具】 | 10号棒针 |
| 【编织密度】 | 22针×50行=10cm² |
| 【材　料】 | 红色毛线400g |

编织要点：

1.棒针编织法。

2.后片的织法。平针起针法起80针，织60行花样A，后在两边按平收4针，2-1-6方法各收10针，花样A织够116行时在中间平收28针，分2片编织。先织右片，继续织6行花样A，剩16针平针锁边。同样方法织另一片。

3.前片的织法。由左右前片组成，先织右前片，平针起针法10针，织60行花样A，并同时在左边按2-4-6，2-1-12，4-1-4，34行平坦加52针，此时针数变为62针。接着再在右边按平收4针，2-1-6收10针，同时在右边按2-2-4，2-1-4，20行平坦收26针，剩16针平针锁边。同样方法织另一片。

4.袖片的织法。平针起针法起54针，织92行花样A后，在两边2-1-18方法各收18针，剩16针平针锁边。同样方法织另一片。

5.缝合。把织好的前片和后片缝好到一起。

23cm
(52针)

7cm
(16针)　　16cm
(36针)

12cm
(62行)

24cm
(122行)

12cm
(60行)

减26针
20行平坦
2-1-4
2-2-4

减10针
2-1-6
平收4针

右前片
(10号棒针)

花样A

加52针
34行平坦
4-1-4
2-1-12
2-4-6

10针

28cm
(62针)

8cm
(18针)

7cm
(36行)

减18针
2-1-18　　减18针
2-1-18

25cm
(128行)

18cm
(92行)

袖片
(10号棒针)

花样A

24.5cm
(54针)

27cm
(60针)

7cm
(16针)　　13cm
(28针)　　7cm
(16针)

平收28针

56行

减10针
2-1-6
平收4针

减10针
2-1-6
平收4针

后片
(10号棒针)

花样A

36cm
(80针)

12cm
(62行)

24cm
(122行)

12cm
(60行)

符号说明：

□　　上针

□=□　下针

2-1-3　行-针-次

↑　　编织方向

花样A(搓板针)

②
①
②①

115

动物图案背心

| 【成品规格】 | 衣长33cm，下摆宽29cm，肩宽19cm |
| --- | --- |
| 【工　具】 | 10号棒针，绣花针 |
| 【编织密度】 | 24针×32行=10cm² |
| 【材　料】 | 粉红色羊毛线400g，蓝色、黑色、白色线各少许 |

编织要点:

1. 毛衣用棒针编织，由1片前片、1片后片组成，从下往上编织。

2. 先编织前片。

(1) 用机器边起针法，起70针，先织12行单罗纹后，改织花样图案，侧缝不用加减针，织48行至袖窿。

(2) 袖窿以上的编织。两边袖窿平收4针后减针，方法是

每2行减1减8次，各减8针，余下针数不加不减织32行。

(3) 同时从袖窿算起织至28行时，开始开领窝，中间平收16针，然后两边减针，方法是每2行减2针减5次，共减10针，不加不减织6行至肩部余7针(其中右边肩部最后6行织单罗纹)。

3. 编织后片。

(1) 袖窿和袖窿以下的编织方法与前片袖窿一样。

(2)同时从袖窿算起织至38行时，开始领窝减针，中间平收26针，然后两边减针，方法是每2行减1针减3次，织至余7针。

4. 缝合。将前片的侧缝与后片的侧缝对应缝合。前片的肩部与后片的肩部缝合(注意右边肩部不用缝合，用于开扣眼)。

5. 编织袖口。两边袖口挑100针，环织8行单罗纹。

6. 领子编织。领圈边用挑98针，片织8行单罗纹，形成肩部开扣眼的圆领。

7. 缝上图案纽扣，毛衣编织完成。

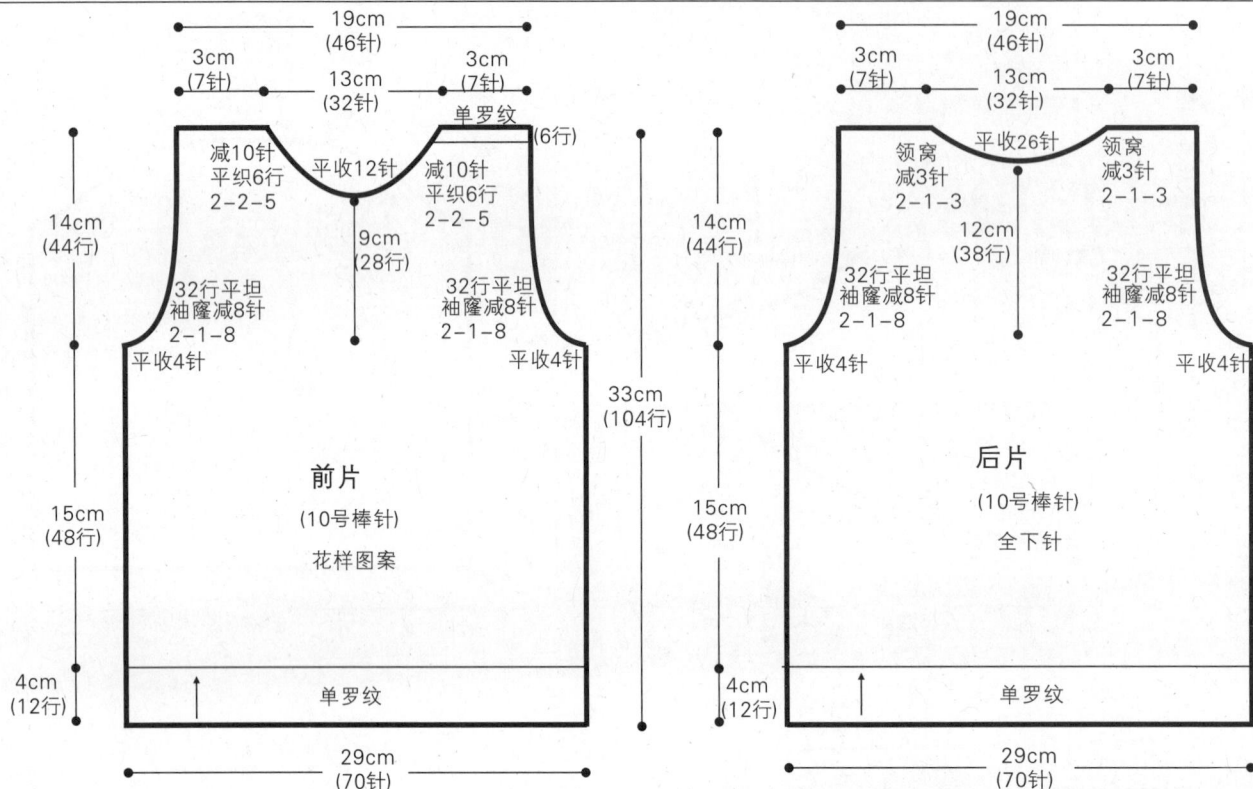

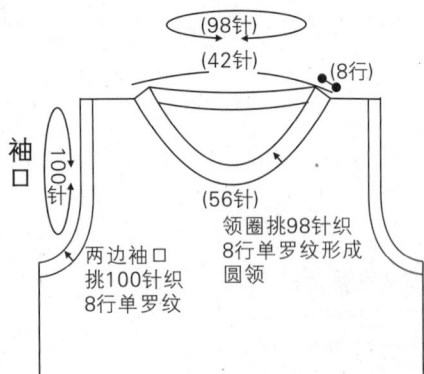

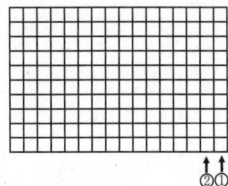

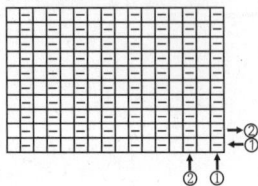

符号说明:

| 符号 | 说明 |
| --- | --- |
| □ | 上针 |
| □=□ | 下针 |
| 右上3针与左下3针交叉 | |
| 2-1-3 | 行-针-次 |
| ↑ | 编织方向 |

全下针　　　　单罗纹

前片花样图案

系带背心裙

【成品规格】 衣长54cm, 胸宽33cm, 肩宽28cm, 袖长1cm
【工　　具】 10号棒针
【编织密度】 21针×25行＝10cm²
【材　　料】 灰色羊毛线300g, 米白色羊毛线20g

编织要点:

1.棒针编织法, 由前片1片、后片1片组成。从下往上织起。再编织领片。

2.前片的编织, 单罗纹起针法, 起90针, 花样A起织, 不加减针织6行。下一行起改织下针, 前24行按花样B配色编织。两侧同时减针, 12-1-6, 织72行, 减6针, 不

加减针编织10行到袖隆, 余下78针。下一行将织片分成两半, 将中间的4针作中心, 两边各在这4针上挑针织花样A搓板针, 其他针仍然织下针, 袖隆减针, 收针4针, 然后2-1-8, 织成32行后, 下一行织前衣领, 收针4针, 然后2-1-10, 再织2行至肩部, 余下11针, 收针断线。

3.后片的编织, 袖隆以下织法与前片完全相同, 袖隆起, 自织成袖隆算起46行高度, 下一行进行衣领减针, 从中间收针24针, 两侧相反方法减针, 2-1-4, 织8行, 减4针, 不加减针编织4行, 余下11针, 收针断线。

4.拼接, 将前后片侧缝对应缝合。

5.领片的编织, 从前片左右位置各挑针29针, 后片位置挑针36针共94针, 花样A起织, 第1行和第2行用米白色线织, 余下用灰色线织。不加减针编织6行, 收针断线。袖口的编织, 沿着2个袖口, 各挑90针, 起织花样A, 前2行用米白色线, 余下4行用灰色线织。衣服完成。

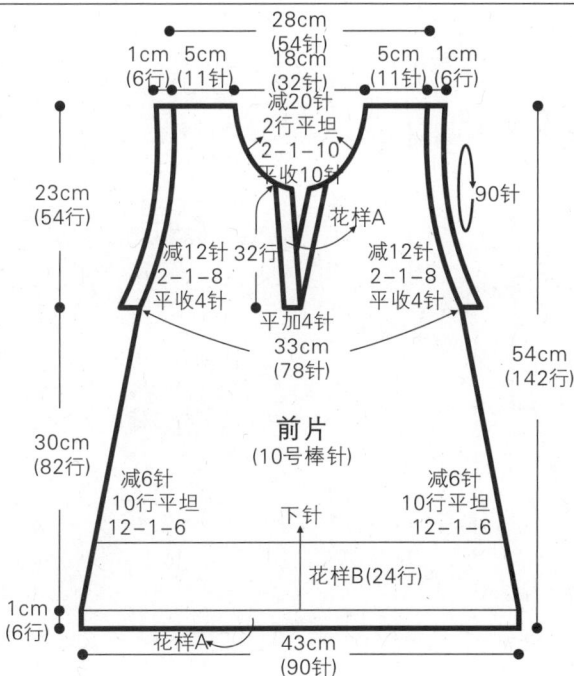

前片
(10号棒针)

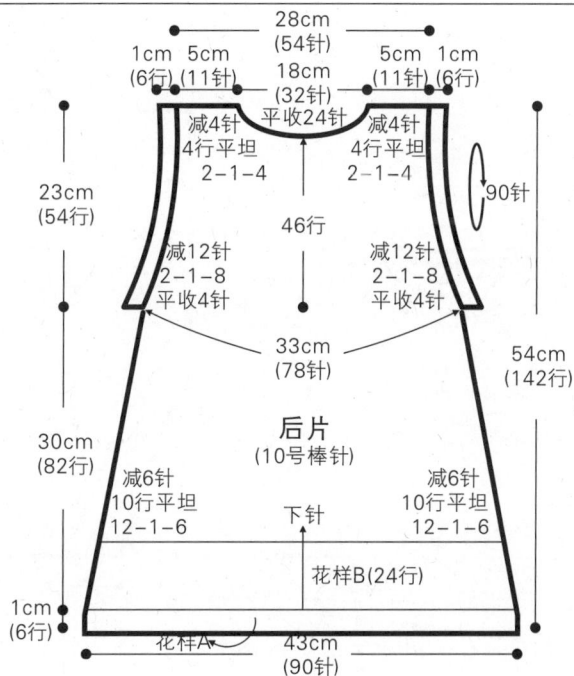

后片
(10号棒针)

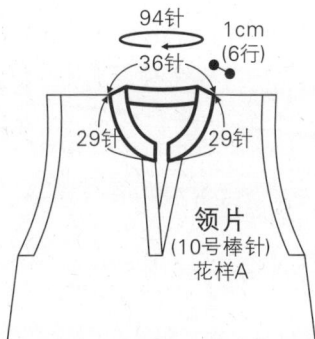

领片
(10号棒针)
花样A

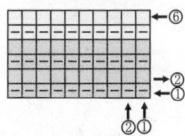

花样A(搓板针)

符号说明:

| □ | 上针 | ☒ | 左并针 |
| □=⊡ | 下针 | ☑ | 右并针 |
| 2-1-3 | 行-针-次 | ⊡ | 镂空针 |

↑ 编织方向

花样B

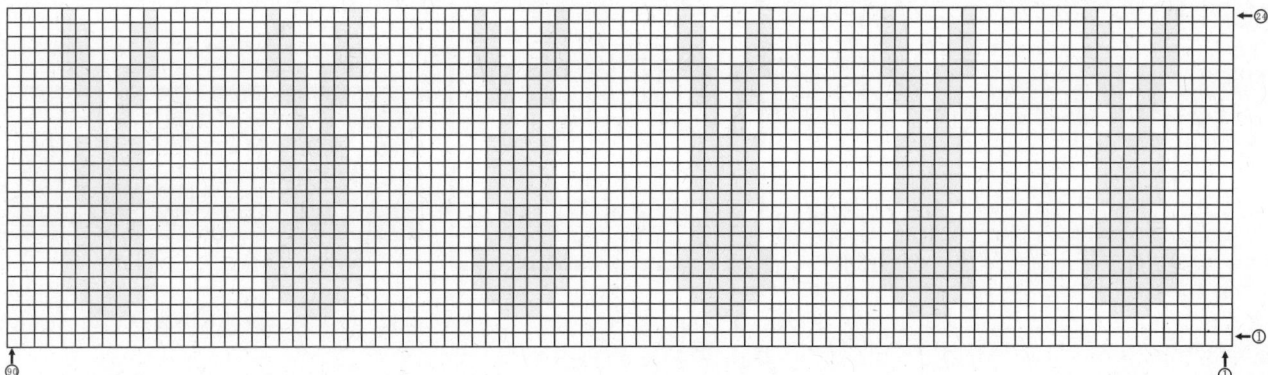

套头长袖毛衣

**【成品规格】** 衣长41cm，胸宽39cm，袖长45cm

**【工 具】** 10号棒针

**【编织密度】** 20针×27行＝10cm²

**【材 料】** 蓝色花毛线400g，灰色毛线150g

编织要点：

1.棒针编织法。

2.后片的织法。用蓝色毛线，单罗纹起针法起78针，织12行花样A、60行全下针，袖窿起按平收4针，2-1-20在两边各收掉24针，最后剩30针，平针锁边。

3.前片的织法。用蓝色毛线，单罗纹起针法起78针，织12行花样A、60行全下针，然后袖窿起按平收4针，2-1-20在两边各收掉24针，全下针织够94行后，下一行在中间平收18针，分左右2片编织。先右片，在左边按2-2-3收6针。同样方法织左片。最后用平针绣的方法，在衣身第53行起，绣上花样C图案。

4.袖片的织法。用蓝色毛线，单罗纹起针法起40针，织12行花样A，下一行起依照花样B配色编织下针，同时两边按6-1-11，平织2行方法在两边各加11针，后在两边再按平收4针，2-1-11，2行平坦方法各收25针最后剩12针，平针锁边。

5.缝合。用缝衣针把前片、后片、袖片缝合到一起。

6.领片的织法。沿领边挑80针，织12行花样A，单罗纹锁边。

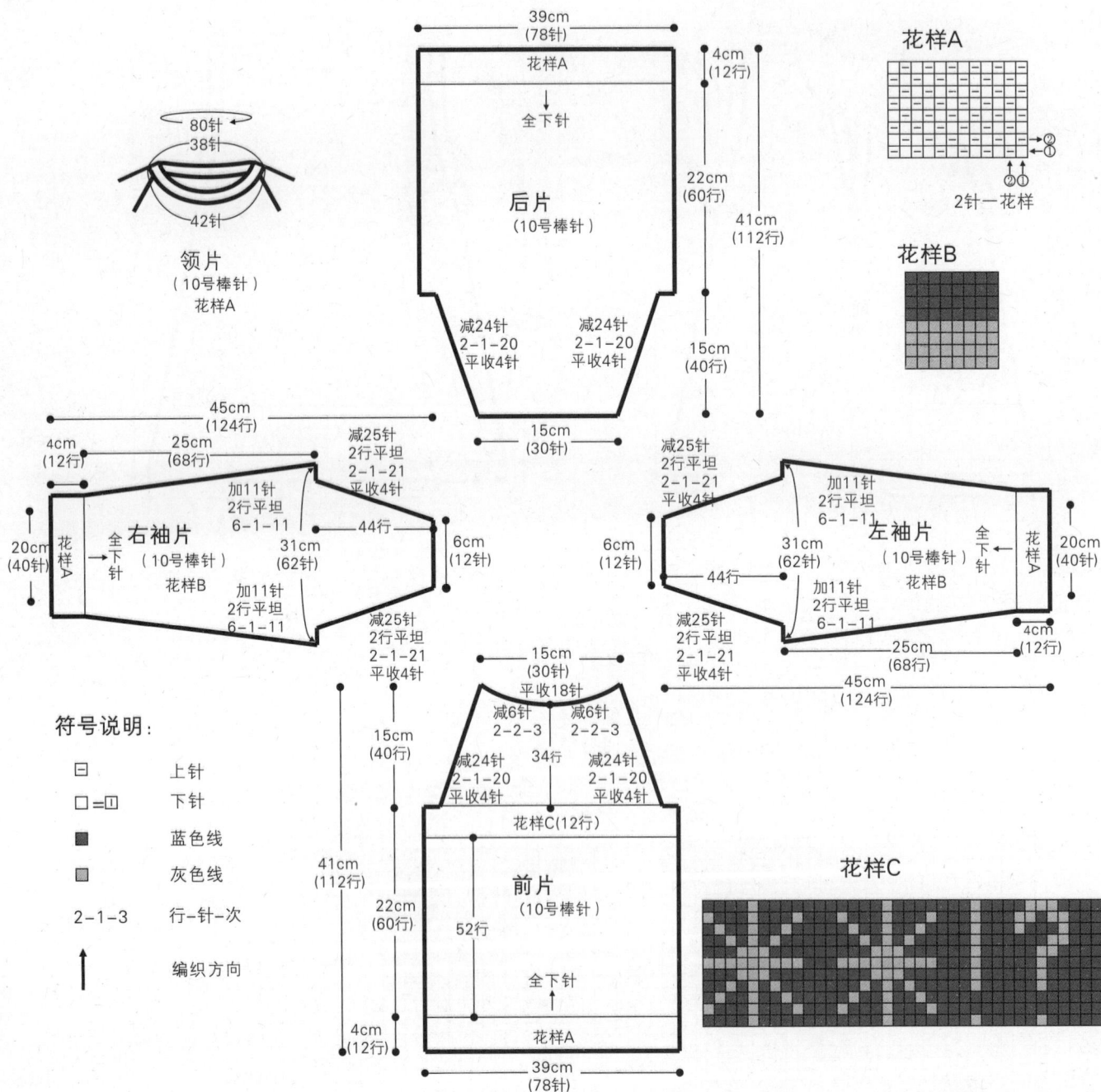

---

80针
38针
42针

领片
（10号棒针）
花样A

花样A
2针一花样

花样B

后片
（10号棒针）

39cm
(78针)

花样A

全下针

4cm
(12行)

22cm
(60行)

41cm
(112行)

15cm
(40行)

减24针
2-1-20
平收4针

减24针
2-1-20
平收4针

15cm
(30针)

45cm
(124行)

4cm
(12行)

25cm
(68行)

减25针
2行平坦
2-1-21
平收4针

加11针
2行平坦
6-1-11

44行

右袖片
（10号棒针）
花样B

全下针

花样A

20cm
(40行)

31cm
(62针)

6cm
(12行)

加11针
2行平坦
6-1-11

减25针
2行平坦
2-1-21
平收4针

减25针
2行平坦
2-1-21
平收4针

加11针
2行平坦
6-1-11

左袖片
（10号棒针）
花样B

全下针

花样A

31cm
(62针)

44行

6cm
(12行)

20cm
(40行)

4cm
(12行)

25cm
(68行)

45cm
(124行)

减25针
2行平坦
2-1-21
平收4针

加11针
2行平坦
6-1-11

符号说明：

□ 上针

□＝□ 下针

■ 蓝色线

■ 灰色线

2-1-3 行-针-次

↑ 编织方向

15cm
(30针)
平收18针

减6针
2-2-3

减6针
2-2-3

34行

减24针
2-1-20
平收4针

减24针
2-1-20
平收4针

花样C(12行)

15cm
(40行)

41cm
(112行)

22cm
(60行)

52行

前片
（10号棒针）

全下针

花样A

4cm
(12行)

39cm
(78针)

花样C

118

## 黄色连帽背心

【成品规格】 衣长40cm, 胸宽34cm, 肩宽
27.5cm, 袖长2cm

【工　　具】 8号棒针

【编织密度】 20针×26行=10cm²

【材　　料】 黄色兔毛线400g, 纽扣4枚

编织要点:

1.棒针编织法, 由前片2片、后片1片、帽片2片组成。从下往上织起。

2.前片的编织, 分为左前片和右前片分别编织, 编织方法一样, 但方向相反。以右前片为例, 单罗纹起针法, 起45针, 花样A起织, 不加减针, 织16行。下一行起改织35针下针+6针花样A, 不加减针编织48行至袖隆。下一行起改织6针花样A+29针下针+6针花样A, 同时左侧第29针下针上减针, 2-1-10, 减10针, 织48行, 余下35针, 收针断线。用相同方法及相反方法编织左前片。

3.后片的编织, 一片织成。单罗纹起针法, 起83针, 花样A起织, 不加减针织16行。下一行起, 改织下针, 不加减针织48行至袖隆。下一行改织6针花样A+71针下针+6针花样A。两侧同时进行减针, 2-1-10, 减10针, 织48行。其中自织成袖隆算起48行高度, 下一行进行衣领减针, 从中间收针27针, 两侧相反方向减针, 2-1-2, 减2针, 织4行, 余下16针, 收针断线。将前后片的肩部对应缝合, 再将侧缝对应缝合。

4.帽片的编织, 沿着前后衣领边, 挑106针, 两侧各6针织花样A, 中间织下针。在下针中间的2针上进行加针编织, 6-1-5, 加5针, 织30行。不加减针再织36行, 加成58针各一半, 收针断线, 对称对折缝合。

5.口袋的编织, 起18针织下针, 织18行, 然后再织6行花样A。完成后收针断线。再将之缝合于左前片下摆处。

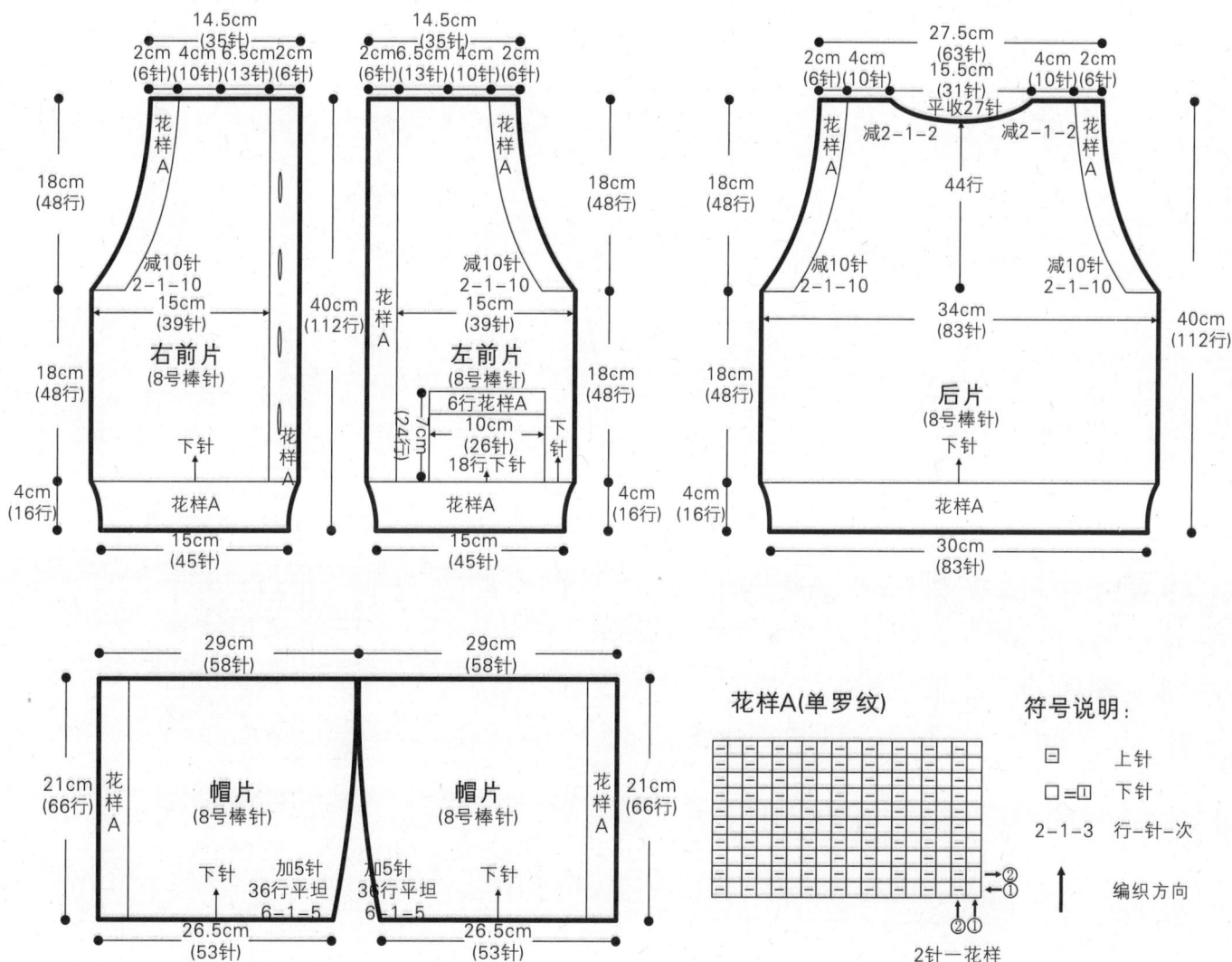

小清新背心装

【成品规格】 衣长34cm，胸宽27.5cm，肩宽19cm
【工　　具】 10号棒针，2号钩针
【编织密度】 30针×43行＝10cm²
【材　　料】 红色圆棉线400g

编织要点：

1.棒针编织法。
2.前片的织法。平针起针法起99针，织6行花样A、28行花样B、63行花样C（开始织花样B的同时在两边按11行

平坦，10-1-8各收8针）后，再在两边按平收6针，2-1-6方法各收掉12针。花样C织够91行后在中间平收13针，开始分2片编织。先织右片，在左边按2-2-5，10行平坦收掉10针，剩13针平针锁边。
3.后片的织法。平针起针法起99针，织6行花样A、28行花样B、63行花样C（开始织花样B的同时在两边按11行平坦，10-1-8各收8针）后，再在两边按平收6针，2-1-6方法各收掉12针。花样C织够97行后在中间平收3针，开始分两片编织。先织右片，继续织12行花样C后，按平收12针，2-1-1收掉15针，剩13针平针锁边。
4.缝合。把织好的前片和后片缝合好。
5.领边的钩法。沿领边钩一圈花样D。
6.袖边的钩法。沿袖窝边钩一圈花样D。

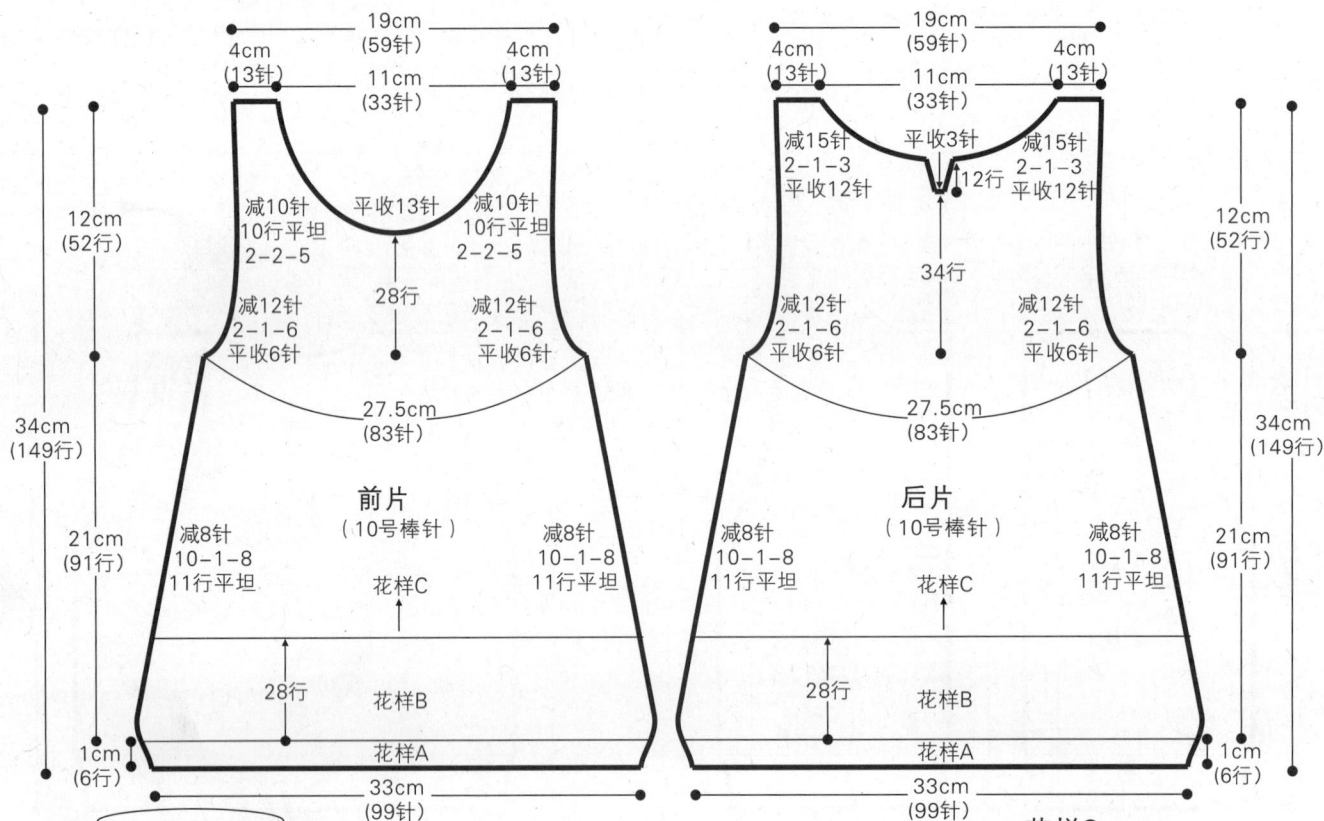

前片（10号棒针）

后片（10号棒针）

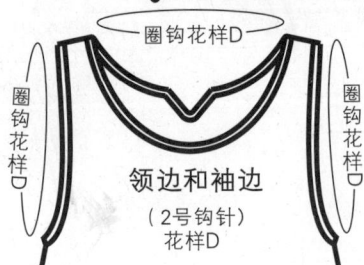

领边和袖边
（2号钩针）
花样D

符号说明：

| □ | 上针 | ⊠ | 中上3针并针 |
| □ = □ | 下针 | ⊠ | 右并针 |
| 2-1-3 | 行-针-次 | ⊡ | 镂空针 |

↑ 编织方向

花样D

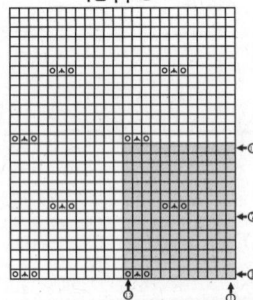

花样C

花样B

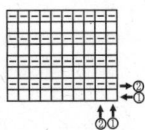

花样A(搓板针)

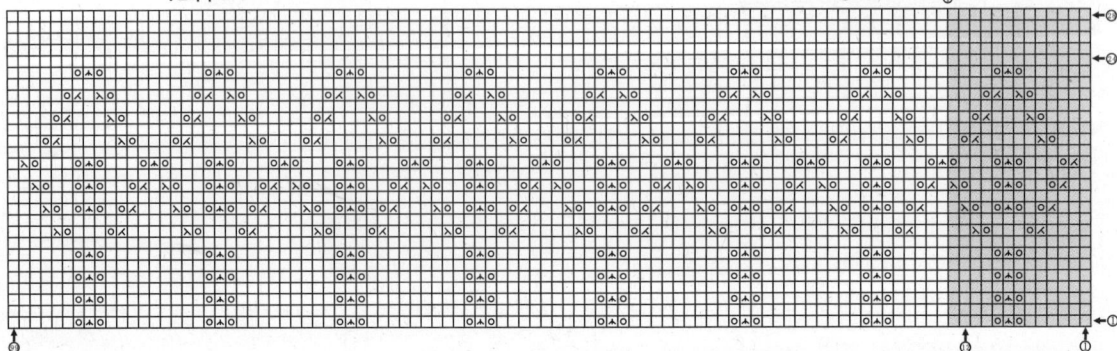